U0230924

中国工程院咨询研究项目

航天再入飞行测试技术瓶颈突破与自主创新战略研究报告

乐嘉陵　林忠钦　黄瑞松　著

科 学 出 版 社

北 京

内 容 简 介

执行航天任务的各类飞行器在返回地球大气时往往具有极高的再入速度，有些甚至超过第二宇宙速度，导致飞行器面临严酷复杂的高温气动环境，如何尽可能全面准确地获取飞行试验中包括流动特性、飞行器状态、防热材料热力载荷等在内的参数信息已成为解决航天再入气动基础科学问题和工程问题的重要瓶颈。长期以来，我国的高超声速试验测试技术主要围绕地面试验开展，飞行测试技术发展不足，测试理论研究不深，飞行试验数据开放共享程度不高，测试需求与技术准入存在矛盾壁垒，先进传感器大幅受制于国外。因此本报告在梳理我国飞行测试技术现状、差距和瓶颈问题的基础上，从技术层面和体制机制方面提出了促进航天再入飞行测试技术自主创新发展的初步构想，以期提升我国航天再入飞行测试技术水平，支撑我国各类先进再入飞行器创新发展。

本书可作为航天测试技术、特种传感器等专业方向研究人员的参考用书，也可为飞行器研制、试验的总体方案设计人员提供借鉴。

图书在版编目 (CIP) 数据

航天再入飞行测试技术瓶颈突破与自主创新战略研究报告 / 乐嘉陵，林忠钦，黄瑞松著. -- 北京：科学出版社，2024. 10. -- ISBN 978-7-03-079513-7

Ⅰ. V448.2

中国国家版本馆 CIP 数据核字第 2024WG6192 号

责任编辑：潘志坚　徐杨峰 / 责任校对：谭宏宇
责任印制：黄晓鸣 / 封面设计：殷　靓

科学出版社 出版

北京东黄城根北街 16 号
邮政编码：100717
http://www.sciencep.com

南京展望文化发展有限公司排版
苏州市越洋印刷有限公司印刷
科学出版社发行　各地新华书店经销

*

2024 年 10 月第　一　版　　开本：B5(720×1000)
2024 年 10 月第一次印刷　印张：13
字数：250 000

定价：170.00 元
(如有印装质量问题，我社负责调换)

项目组成员名单

院士专家组成员：

乐嘉陵　中国工程院院士　中国空气动力研究与发展中心

林忠钦　中国工程院院士　上海交通大学

黄瑞松　中国工程院院士　中国飞航技术研究院

各参研单位及主要成员：

中国空气动力研究与发展中心

柳　森　朱　涛　陈　卫　杨庆涛

王　辉　王　雄　王宏宇　马　平

陈爱国　王　磊　刘丽萍

中国飞航技术研究院

关成启　戴梧叶　周　丹

中国运载火箭技术研究院

张化照　石　伟　陈亦冬　尹琰鑫

解　静　白光辉　付秋军

中国空间技术研究院

赵会光　李　齐　张志强　魏昊功

董彦芝　刘　欣　李铁映　耿云飞

上海交通大学

吴树范　王晓亮　侯黎强　龚德仁

陈　方

厦门大学

尤延铖　王凌云

报告执笔人：

陈　卫　石　伟　付秋军　李　齐
王晓亮　王凌云

前言

  自 1956 年我国第一个火箭导弹研制机构成立以来，我国先后掌握了卫星发射、卫星返回、载人航天、月球背面软着陆、火星软着陆等重大航天关键技术，经过 60 余年波澜壮阔的发展，不断突破苏联和美国的航天技术垄断，一举成为世界航天大国，并向着航天强国稳步前进。中国航天的进步是中国综合国力强大的体现，航天事业的发展带动了一大批优秀民族企业共同成长，也引领了多学科科学技术的融合发展。

  随着更多深空探索计划的实施，我国航天运输任务需求日益增长，对低成本、高效率的航天再入飞行器设计也提出了更高要求。航天再入飞行面临的高超声速气动基础科学问题已经成为我国先进航天技术发展的重要短板，而高超声速气动基础科学问题的研究必须依靠地面试验、飞行试验和数值计算三大手段的密切融合。通过先进测试技术准确完整地获取试验数据是各手段融合的基础，我国在航天再入飞行测试方面的技术积累还非常薄弱，可获得的试验数据非常有限，而且飞行试验涉及的部门单位多，亟须探索建立新型的数据共享与协同创新机制。在这种背景下，我们三位（乐嘉陵、林忠钦、黄瑞松）以及中国空气动力研究与发展中心、中国飞航技术研究院、中国运载火箭技术研究院、中国空间技术研究院、上海交通大学、厦门大学等单位，在中国工程院机械与运载工程学部大力支持下，开展了相关咨询研究，力求梳理出我国航天再入飞行测试技术及其协同创新的发展路线。

  经过项目组开展的广泛的国内外文献调研、30 余家单位现场走访和多次专家集中研讨，形成了本报告。报告分为四章：第一章着重分析了航天再入飞行测试技术面临的迫切需求；第二章详细阐述了温度、热流、压力、大气数据、电子密度、高温气体光谱、摩阻等具体飞行测试技术的国内外发展水平和我国能力差距、技术瓶颈，并逐项提出了初步技术路线；第三章主要分析了航天飞行试验在协同创新体制机制方面的一些问题和可供借鉴的一些案例；第四章对第二章和第三章指出的技术瓶颈和体制机制障碍进行了原因剖析，并由此提出了我国航天再入飞行测试技术的发展战略和建立航天再入飞行测试技术试验平台的初步建议。

报告从具体测试技术到航天飞行试验、从传感器"卡脖子"问题到跨学科人才缺乏问题、从工程问题到科学问题、从技术问题到机制问题，都进行了较为全面的梳理和思考，希望对于凝聚研究力量、促进单位协作产生积极推动作用。若能为我国航天事业固本培元尽绵薄之力，便不负初心了。

非常感谢每位项目组成员对本报告完成做出的大量辛苦工作，特别是在报告撰写过程中付出的时间精力。本报告主要由陈卫完成合稿，并起草了第四章内容，石伟和李齐撰写了第一章以及第四章第三节部分内容，王辉和刘丽萍撰写了表面温度与热流测试技术内容，杨庆涛撰写了压力测试技术内容，王宏宇撰写了嵌入式大气数据测试技术内容，马平撰写了电子密度测试技术内容，王磊和陈爱国撰写了光谱测试技术内容，王雄撰写了表面摩阻测试技术内容，王晓亮撰写了第三章内容。此外，还非常感谢中国工程院以及国内许多院士专家、学者对本项目研究和报告内容提出的宝贵意见、建议。最后，还要特别感谢调研单位的积极配合和建言献策，感谢科学出版社对本报告耐心细致的校订工作。

2023 年 8 月

目录

第一章　航天再入飞行测试技术的迫切需求　　　　　　　/001

　一、航天再入飞行器关键气动科学问题和工程问题　　　/002

　二、航天再入飞行器及其测试技术现状　　　　　　　　/012

　三、我国航天再入飞行测试需求　　　　　　　　　　　/047

　四、小结　　　　　　　　　　　　　　　　　　　　　/050

　主要参考文献　　　　　　　　　　　　　　　　　　　/050

第二章　具体测试技术的国内外发展水平与技术瓶颈问题　/053

　一、表面温度与热流测试技术　　　　　　　　　　　　/053

　二、压力测试技术　　　　　　　　　　　　　　　　　/070

　三、嵌入式大气数据测试技术　　　　　　　　　　　　/092

　四、电子密度测试技术　　　　　　　　　　　　　　　/114

　五、光谱测试技术　　　　　　　　　　　　　　　　　/139

　六、表面摩阻测试技术　　　　　　　　　　　　　　　/147

　七、小结　　　　　　　　　　　　　　　　　　　　　/167

　主要参考文献　　　　　　　　　　　　　　　　　　　/167

第三章　协同创新的体制机制瓶颈问题与案例分析　　　　/178

　一、目前存在的问题　　　　　　　　　　　　　　　　/178

　二、航天协同创新机制、体制的转变　　　　　　　　　/181

　三、国内外军民融合发展　　　　　　　　　　　　　　/182

四、小结 /186

主要参考文献 /186

第四章 瓶颈问题原因剖析与自主创新发展战略 /188

一、瓶颈问题原因剖析 /188

二、我国航天再入飞行测试技术发展战略 /191

三、近期航天再入飞行测试技术的试验平台建设建议 /194

四、小结 /199

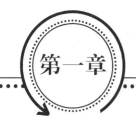

航天再入飞行测试技术的迫切需求

自 20 世纪 50 年代以来，以高超声速再入航天飞行器为基础的空间探索以及先进武器技术的发展对各个国家的军事、政治和经济有着重要的战略意义。以美国为例，其通过阿波罗计划一举确立了在空间技术方面的领先地位，衍生了一系列的科技创新成果，这些成果后来广泛应用于美国科学技术和社会生活的各个领域，产生了难以估量的巨大效益。进入 21 世纪以来，美国、俄罗斯、欧空局、日本都制定了长远的深空探测目标，如表 1-1 所示。尤其是美国在继续开展月球探测的基础上，瞄准 2030 年前后载人登陆火星，正在进行重型运载、新型能源、进入、下降和着陆技术等多项关键技术攻关和试验验证。2017 年 12 月 11 日，美国总统特朗普签署航天政策指令，正式指示美国国家航空航天局（National Aeronautics and Space Administration，NASA）送人重返月球，并要求 NASA 加大载人深空探测工作力度，为最终前往火星以及更多更远的星球奠定基础。

表 1-1　国外深空探测部分活动规划[1]

国　家	目　标	时　间	名　称	类　型
美国	火星	2016	InSight	着陆探测
美国	小行星	2016	OSIRIS-Rex	采样返回
美国	太阳	2018	Solar Probe Plus	近距观察
美国	木星	2024	Europa Clipper	近距观察
美国	月球	2024	Artemis Ⅱ	载人探月
美国	L2	2027	ROMAN（原 WFIRST）	天文观测
俄罗斯	月球	2018	Luna-Grunt	采样返回
俄罗斯	火星	2030	Mars-Grunt	采样返回
俄罗斯	木卫三	2026	Laplas-P	着陆观察
俄罗斯	小行星	2020（已推迟）	Apophis	交会探测
欧空局	月球	2018	—	着陆探测

国　家	目　标	时　间	名　称	类　型
欧空局	火星	2018	ExoMars2	着陆探测
欧空局	木星	2023	JUICE	环绕探测
欧空局	L2	2026	PLATO	天文观测
日本	月球	2023	ELENE‑X	着陆探测
日本	小行星	2014	Hayabusa‑2	采样返回
日本	水星	2015	Bepi Colombo	环绕探测
日本	火卫一	2024	MMX	采样返回

　　我国深空探索历程也随着"载人登月"和"火星探索"项目的发展和提出，逐渐拉开了帷幕。探月工程分三个阶段实施：绕月探测，月球软着陆和自动巡视勘察，自动采样返回，简称"绕、落、回"。2020 年 12 月 17 日凌晨，"嫦娥五号"返回器携带月球样品着陆地球，标志着探月工程圆满收官。这是我国首个实施无人月面取样返回的月球探测器，证明我国在深空探测再入返回技术方面取得了重要突破。与此同时，我国首次自主火星探测工程也于 2020 年 7 月 23 日发射了首个火星探测器"天问一号"，并于 2021 年 5 月 15 日着陆火星，一次实现了火星"绕、落、巡"，标志着我国首次实现了行星际飞行和地外行星软着陆。更进一步，我国还将进行火星表面采样返回，开展火星构造、物质成分、火星环境等科学分析与研究。

　　随着近年来航天运输领域的快速发展，"重复使用"概念越来越受到重视。重复使用飞行器是降低航天运输成本、提高安全可靠性的理想运输工具，是未来航天运输系统的重要组成部分。发展技术性能更先进的重复使用飞行器对于满足未来空间开发和降低发射成本等需求具有重要的意义。

　　飞行器的创新发展离不开对科学和工程问题的不断深入认识，在高超声速领域，地面试验环境与实际飞行环境存在显著的天地差异，如何全面而准确地获取飞行试验中包括流动特性、飞行器状态、防热材料热力载荷等在内的参数信息越来越成为制约高超声速气动基础科学问题和工程问题解决的瓶颈。本章将梳理航天再入飞行器面临的主要气动科学问题和工程问题，以指引测试技术发展方向。

一、航天再入飞行器关键气动科学问题和工程问题

（一）关键气动科学问题

　　太空探测器返回舱进入行星或再入地球大气层过程中，气动外形减速是降

低进入速度的主要手段，气动减速过程中需要兼顾气动热、气动力、落点散布等约束。美国 SpaceX 公司宣布的 2018 年开始的火星任务中，一个重要的研究内容就是火星进入气动力学与气动热数据库开发。探月三期作为我国首个地外天体采样返回的任务，工程采用了半弹道跳跃式再入方式，具有再入速度高、再入航程长、峰值热流密度高、总加热时间长和总加热量大等特点，其间要经历自由分子流、稀薄过渡流和连续流等多个流动区域。月球返回舱再入速度接近第二宇宙速度（当从其他行星返回时，再入速度达到 15 km/s），此时返回舱周围流场最高温度超过 10 000 K，在如此高温高速气体环境下，将出现许多新的气动物理问题。不同高度和速度下的主要气动问题如图 1-1 所示。

1. 高温真实气体效应问题

当返回舱以极高的速度再入大气层时，由于激波和黏性的作用会产生严重的气动加热，使返回器表面及其周围流场高温气体发生复杂的物理、化学变化，这个过程伴随着气体分子的离解和电离，同时也会出现分子的振动激发、束缚电子的激发和辐射热。在一个大气压下，当温度超过 9 000 K 时，分子几乎全部离解成原子，而且原子电离开始发生。在飞行器大气再入时，气体稀薄，分子离解和原子电离的温度会更低。

真实气体效应主要体现为热力学非平衡和化学非平衡现象。热化学非平衡现象通过影响激波后气体的化学反应变化以及各种内能模态的激发明显改变流场组分质量分数、温度、压力等参数。大气高温离解产生的氮、氧等组分可能严重影响进入舱防热材料的烧蚀情况，不同的组分质量分数及内能模态激发情况会明显改变进入舱防热区域的壁面热流分布，这直接决定了热防护系统所需的材料结构。计算结果表明在月球返回速度下稀薄过渡流区存在着强烈的热化学非平衡，近连续滑移区仅在激波层区域存在着较大的平动、转动和振动非平衡度，而在高稀薄流区，热力学非平衡遍布绕流物体四周，包括整个压缩区和尾迹区，计算结果还显示探月返回器再入绕流超过 100 km 飞行高度仍需要考虑热化学非平衡的影响[2]。而火星大气主要组分 CO_2（占97%）的三原子结构与地球大气主要组分 N_2 和 O_2 的双原子结构相比振动形式更多，具有更多的储能形式，很可能影响热力学非平衡的形式。并且火星大气相对稀薄，压力和密度较小，火星大气下的高超声速流动呈现低雷诺数、高马赫数的特点。

2. 辐射加热问题

除了考虑边界层向飞行器物面的对流加热（包括热传导和扩散传热）外，还需要考虑高温流场气体辐射加热对飞行器热环境的影响。随着再入速度的提

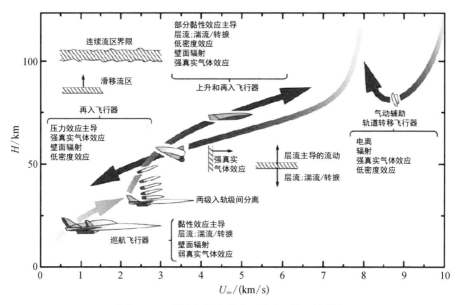

图 1-1   不同高度和速度下的主要气动问题

高，高温气体辐射加热在总气动加热中的比重将明显增大。飞行器在再入过程中，辐射加热和对流加热的重要性随着飞行速度的变化而变化。一般认为当飞行速度高于 9 km/s 时头部激波层气体变成对飞行器加热的强辐射体，辐射加热的峰值时刻所对应的高度一般在 60 km 附近。进入低空的稠密大气层后，辐射加热更加严重，局部时刻辐射加热占对流加热的 30% 左右[3]。高温气体辐射加热与热传导等其他传热方式在机理上有显著不同，前者以电磁波或光子作为载体，后者则是以分子作为载体。热传导与温度梯度近似成正比关系，而热辐射则与绝对温度直接相关。高温流场气体辐射加热机理复杂，涉及高温气体动力学、原子分子光谱学、传热传质学等诸多学科的交叉与融合。

对辐射加热的可靠预测不但与计算方法和计算模型本身有关，还与方法和模型中用到的大量基础数据（如高温气体组分光谱数据和化学反应动力学数据）密切相关，目前对辐射加热计算的精准度和通用性还不能完全满足工程要求，相关物理化学模型、计算方法及基础数据还在发展和完善之中。

3. 电离与通信中断问题

高超声速飞行器再入时的气动加热，贴近返回舱表面的气体和返回舱材料表面的分子被分解和电离，形成一个等离子层。此外，强烈的流场气动加热往往要求再入体采用烧蚀型防热系统，飞行器辐射加热与对流换热的比较如图 1-2 所示。目前常用的防热层烧蚀材料，如玻璃钢、高硅氧、C/C 复合材料、

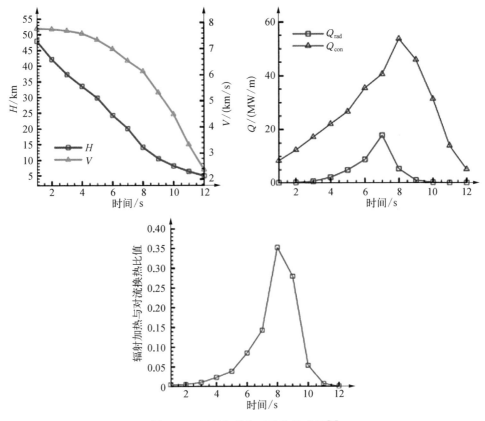

图 1-2　辐射加热与对流换热比较[3]

碳酚醛等，都通常含有极易电离的碱金属和碱土金属杂质。烧蚀产生的大量复杂化学组分，例如 C/C 复合材料烧蚀中的 C、C_2、C_3、CO、CO_2、CN、Na、Na^+、NaO 等，不仅严重改变了流场组分，而且大大影响了流场中的电离度。由于等离子体具有吸收和反射电磁波的能力，因此包裹返回舱的等离子体层，实际是一个等离子电磁波屏蔽层。所以当返回舱进入被等离子体包裹的状态时，舱外的无线电信号进不到舱内，舱内的电信号也传不到舱外，舱内外失去了联系，形成通信中断。返回卫星和神舟飞船返回舱 40～80 km 范围存在黑障通信中断，历时 4 min 左右，航天飞机的通信中断时间达到 16 min。

目前，针对黑障问题再入飞行器只能采取自主飞行、飞行状态信息器上存储及延时转发的方法。飞行过程天地大回路判读干预存在瓶颈。未来先进再入飞行器飞行航程长，黑障中断时间更长、存在空域更宽，相对于天、空、地系统融为一体的畅通数据链要求，黑障将成为重要的瓶颈问题，图 1-3 显示了不同轨道下的黑障效应的影响。

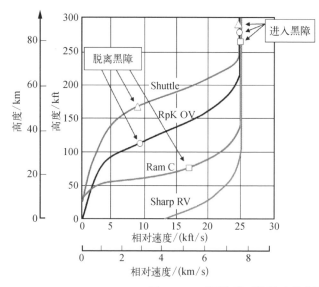

飞行器	黑障持续时间/min
Shuttle	16
RpK OV	1
Ram C	0.5
Sharp RV	0

图 1-3　不同轨道下的黑障效应影响

4. 边界层转捩问题

转捩，即从层流到湍流的过渡。转捩的发生位置和发展过程对飞行器的升阻特性、边界层分离以及表面气动加热等具有显著的影响，高超声速飞行器的飞行雷诺数在 $10^5 \sim 10^9$ 变化，变化幅度达 5 个量级，使得转捩位置变化明显，

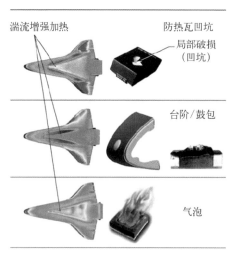

图 1-4　航天飞机表面缺陷诱发转捩造成局部烧蚀增强

其对飞行器性能有显著影响。因此附面层转捩的准确预测对于高超声速飞行器的气动外形设计具有非常重要的意义。深空返回器或进入器普遍采取大钝头球冠或球锥外形，扁平的前体、大拐角和表面凹腔或凸起结构均容易造成边界层转捩，从而使表面热流分布剧烈变化。温度预测偏差会影响防热瓦厚度设计，影响材料选择，改变飞行器重量，可能增加数倍的成本。不能准确预测边界层转捩特性，只能通过防热系统保守设计弥补。

图 1-4 显示了航天飞机表面缺陷诱发转捩，引起热流增加，这些缺陷包括防热瓦局部损坏形成的凹坑、鼓包以及烧蚀

---

*　1 ft=0.304 8 m；1 kft=304.8 m。

产生的气泡。美国哥伦比亚号航天飞机左翼在起飞时遭到从燃料箱上脱落的泡沫绝缘材料撞击，造成机体表面防热瓦破损，而破损处极易引起边界层转捩，导致恶劣的湍流加热环境，最终导致哥伦比亚号在返行途中因高温空气入侵而彻底解体。

5. 高温气体与防热材料相互作用问题

飞行器外部气体在气动加热过程中除了发生离解电离等一系列化学变化以外，经过离解和电离的气体组分还会在飞行器壁面边界层内受到壁面的催化作用，发生复合反应，称为"壁面催化效应"。由于高超声速再入时分子离解度非常高，原子浓度大，而原子的复合在壁面处将释放很大的结合能（例如 O 原子结合能为 4 940 kJ/mol），从而在壁面处产生很大热能。另一方面，壁面催化效应会进一步地影响飞行器外流场化学反应及化学组分分布的复杂程度，从而影响流场特性和飞行器防护材料的烧蚀过程。

例如，头部半径 $R=0.05$ m，半锥角 12°，总长 0.3 m 的球锥外形完全催化壁、非催化壁热流计算结果与飞行试验数据的对比（图 1-5），在驻点高热流区完全催化壁热流比非催化壁热流大 30% 左右，后部低热流区完全催化壁热流比非催化壁热流大 30%～40%，飞行试验数据基本介于两者之间。目前在工程设计中还无法确定非平衡条件下的复合催化效率，常常以化学平衡条件下的热流条件来确定防热材料。这种保守的设计方法显然需要进一步改善。在高空稀薄气体流域，由于气体的密度低，粒子之间的碰撞频率降低，超高速返回器绕流流场中气体分子的平动温度、转动温度和振动温度处于高度的非平衡状态，激波后高温气体发生化学反应的弛豫时间远大于流动的特征时间，因而在返回器的绕流中会出现严重的热化学非平衡现象。这些气体流动现象会造成流动结构

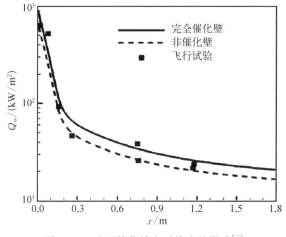

图 1-5　壁面催化效应对热流的影响[4]

的显著变化，并对返回器的气动特性产生重要影响。

（二）关键工程问题

1. 激波干扰气动加热问题

飞行器以高马赫数、大攻角再入时，头部激波、机翼激波、操作纵面激波会产生激波之间、激波与边界层之间的相互干扰，其结果是使干扰区的热流密度剧增、气动现象复杂化。航天飞机机翼迎风面最大热流密度发生在 $45\%\sim55\%$ 的半翼展附近，这是机翼/机身激波干扰的结果，其热流密度值为无干扰情况的 $2\sim3$ 倍；攻角 $40°$、副翼偏转角 $20°$ 时，副翼上的最大热流密度超过了迎风面机身中心线上 $x/L=0.05$ 处的热流密度值，这是因为副翼偏转时引起的流动分离和再附使得副翼上产生高热流密度所致。

2. 缝隙气动加热问题

与再入弹头和飞船相比，重复使用飞行器表面的众多缝隙〔防热瓦之间、操纵面与安定面之间、操纵面之间、再入控制系统（re-entry control system，RCS）与机体之间〕可谓是其一大特点。美国航天飞机在飞行试验期间，不断出现缝隙过热问题，有些缝隙处的壁温曾达到临界状态，可见缝隙加热对热防护系统（thermal protection system，TPS）破坏有十分重要的影响。此外，缝隙上的边界层转捩问题更为复杂，飞行试验结果与风洞预测值差别明显。试验结果表明，缝隙的气动加热与压力分布、压力梯度、缝隙参数等有密切的关系。

3. 真实壁面形态下的气动加热问题

飞行器设计加工过程中产生的热结构材料表面粗糙度、装配公差、局部台阶、加工缺陷、结构受力热变形等壁面真实特征对气动加热有明显影响。其中表面粗糙度既影响边界层的转捩特性，也影响气动加热率，因而进行风洞试验和理论计算时对表面粗糙度都要作出与飞行器相应的规定。美国航天飞机气动加热数据手册中所给出的前机头气动加热率考虑了粗糙壁的影响，表面粗糙度约为 $0.761\,mm$。鉴于此，需要研究真实壁面形态的表征方法以及宽域飞行过程中对热环境的影响规律及机理，建立满足工程需要的、考虑真实表面特征的热环境设计方法。针对飞行器热防护系统结构外壁面真实表面特征，开展复合材料特性与表观真实状态对气动力热特性的影响研究，提高飞行器气动力热特性预示精度。

4. 吸气式发动机内流问题

进气道是吸气式发动机的关键部件，常规进气道外形不可调，设计时仅考虑在特定飞行速度段具备高流量捕获和高压缩效率、并保证发动机推力损失最小，无法满足宽域飞行器的飞行需求，为此需要设计复杂的几何可调进气道。进气系统的起动边界及流场特性对飞行器气动性能、发动机工作性能的研究和预测具有重要意义。真实飞行环境下进气道内部流场特性的准确掌握对改进进气道几何设计、提升飞行器整体性能至关重要。

5. RCS 喷流干扰问题

航天飞行器再入大气层过程中，RCS 系统产生的喷流与超声速来流相互作用，将导致飞行器表面局部数倍乃至数十倍干扰热流增量。例如，阿波罗喷流干扰相变漆热流测量结果表明，阿波罗 RCS 产生的飞船后体局部热流增量因子达 4～11 倍；航天飞机早期 RCS 干扰热环境设计中局部喷流干扰增量因子为 20～40 倍。对于采用烧蚀型防热设计的飞行器，例如飞船等，喷流干扰热流量值直接决定了材料烧蚀量；而对于航天飞机类飞行器，局部表面 RCS 干扰区域热环境设计直接影响总体方案的闭环。因此 RCS 喷流干扰气动加热是航天飞行器局部防热设计的重要问题。

6. 复杂流动干扰下的级间分离问题

航天飞行器为完成运载任务，多存在高速飞行条件下的多体分离，该过程流场非常复杂，流动从缝隙流（亚声速/超声速阻塞流）到通道流（多波系超声速流），激波结构快速变化，激波/激波、激波/边界层、激波/旋涡等强干扰问题严重，直接影响飞行器的气动力/热特性，给干扰效应识别和流动机理挖掘带来了难度，阻碍了对多体分离气动设计问题的认识提升。高马赫、高动压条件下，流体运动与固体结构产生剧烈的相互作用，复杂流动与多体运动耦合，流场呈现更明显的非定常、非线性等特征，增加了分离过程中飞行器气动特性准确预测的难度，气动特性预示不准确使得多体运动轨迹和姿态的预测难度增加，进而导致无法设计合理的分离方案和控制策略。如对复杂流动干扰下的级间分离过程气动特性预示不准确，将直接导致分离方案设计不合理、控制策略选择不妥当，分离过程中一二级飞行器可能碰撞，从而引发事故。因此，需对复杂流动干扰下的级间分离气动设计技术开展专门研究。

7. 多场耦合条件下的热气弹问题

由于航天飞行器对高升阻比的要求，飞行器逐渐向细长机身、薄翼面方向发展；由于对高载荷比和低结构系数的苛刻要求，飞行器必将广泛采用新材料、新结构和新工艺；同时由于较低密度的氢燃料对装载空间的巨大需求，飞行器整体结构必将呈现出大柔度的特点。这些问题将导致飞行器气动力-热-结构多场耦合问题，即气动热弹性问题十分突出。目前，国内气动弹性和载荷分析仍广泛采用工程方法，在涉及真实气体/稀薄气体/复杂外形的非定常气动力和气动热、大梯度温度场下复合材料非线性结构动力学特性分析方面存在较大误差，在上述复杂条件下的振动/噪声/冲击等动载荷的建模与分析能力方面也有待进一步提高。因此，亟须在气动力-热-结构多场耦合气动热弹性/载荷精确预示与主动控制方面开展研究，实现进一步的技术突破。

8. 大气数据测量问题

嵌入式大气数据测量系统（flush air data system，FADS）是解决航天飞行器对大气数据测量需求的关键技术途径。FADS 测压孔阵列设计需综合考虑热防护限制和测压孔对大气参数的灵敏度。再入飞行时的环境条件一般较为恶劣，飞行器驻点的表面温度最高可能超过 1 700℃，如此高的表面温度限制了 FADS 测压孔位置的选择，例如一些飞行器可能限制在飞行器机头锥上开孔。另外，测压孔数量直接影响 FADS 系统的测量精度和可靠性，通过多测压孔冗余设计可提高 FADS 的测量精度和可靠性，但对于具体气动外形的飞行器，测压孔阵列数量需根据测量精度、可靠性以及结构强度综合考虑。引气部组件设计需要考虑飞行器表面高温、气动外形、总装布局以及气密性等约束条件，部组件设计既要满足热防护的要求，还需与飞行器冷热结构匹配，能可靠安装，便于测试，满足压力测量延时小的要求。

目前对于高超声速再入过程中气动问题的研究主要采用数值计算和地面风洞试验两种手段，能力还有较大差距。一方面，虽然近年来计算流体动力学（computational fluid dynamics，CFD）在温度不太高的流场研究中取得了突飞猛进的发展，已经成为流体力学研究的重要手段之一。但是，考虑到高温复杂流场中的非平衡流、两相流、非定常流效应以及常常会伴有剧烈而复杂的化学反应等之后，由于此类流场物理现象的复杂性，有时甚至找不到能反映本质机理的描述模型。从这个意义上讲，数值模拟方法在此类高温复杂流场研究中的应用在很大程度上受到了严重制约。另一方面，针对超高速再入气动问题研究，特别是热环境模拟研究的地面试验设备，主要有激波/膨胀管风洞和等离子体风洞。激波风洞或膨胀管风洞可以较好地模拟超高速再入的总温和总焓要求（绕地飞行器再入地球大气时，速度≈8 km/s，焓值≈35 MJ/kg；星际飞行器再入地球大气层时，速度≈11.2 km/s，焓值≈63 MJ/kg），比如美国 LENS XX 激波风洞模拟总温可到 2 400～13 000 K，焓值可到约 120 MJ/kg，马赫数可到约 30；我国的高焓膨胀管风洞总温>10 000 K，焓值覆盖 4～63 MJ/kg，速度可覆盖 2.8～11.2 km/s；JF-22 激波风洞可模拟焓值约 50 MJ/kg，速度可到 3～10 km/s。但这些地面设备都只能针对某一个或少数几个参数进行模拟，不可能进行全参数、全过程、全尺寸的超高速再入模拟试验。比如激波/膨胀管风洞虽然可以模拟符合地球大气甚至火星大气来流组分的高温效应，但由于作用时间短，一般模拟不了防热材料壁面催化和烧蚀对高温流场的影响；而等离子体风洞由于焓值和马赫数相对星际再入的要求而言较低（<40 MJ/kg），并且来流特性已经发生了严重改变（来流被不同方式电离），使得加热机理偏离真实超高速再入时的气动加热机理较大（如辐射加热、表面热流扩散等）。因此地面模拟热环境难以确切模拟实际飞行环境。图 1-6 显示了激波/膨胀管风洞模拟能力。

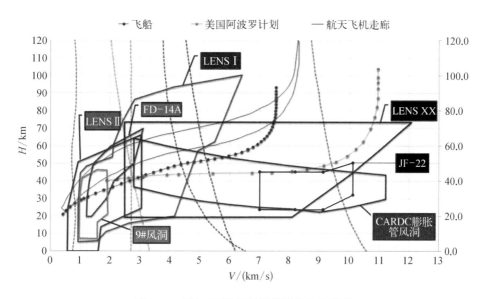

图 1-6　激波/膨胀管风洞模拟能力包线图

为了能够深入研究高超声速再入的气动物理问题，必须完备气动研究的三大手段，即数值计算、地面试验和飞行试验，这三者之间需要需密切配合、优势互补、形成闭环。其中飞行试验在超高速再入研究中的地位更加突出、作用尤为重要，它对于确定理论模型、发现新现象、检验地面试验和 CFD 结果至关重要。比如：神舟返回舱配平攻角预测偏差最大达到 $20°$；某工程局部干扰热环境预测偏差大，导致飞行失败；某工程舵面发生热变形，导致舵效预测偏差达到 $2°$，影响飞行器的可控性及飞行安全等。因此需要通过飞行试验设计不同再入轨道和再入速度，全面准确获得如自由流参数、稀薄流气动力/热参数、高温气体效应、再入气动加热、辐射加热、催化-氧化等高质量基础性飞行数据，以及相应的飞行器状态/健康监测数据，达到验证高超声速再入飞行器气动设计方法并指导工程应用的目的。而这些数据的准确获得，都依赖于先进飞行测试技术的大力发展。

二、航天再入飞行器及其测试技术现状

（一）地球轨道再入飞行器

1. 航天飞机

1）飞行器简介

航天飞机是一种垂直起飞，水平降落的载人航天器，以火箭发动机为动力发射到太空，能够在轨道上运行，同时也能够往返于地球表面和近地轨道之间，可以部分重复使用。航天飞机由轨道飞行器、固体燃料助推火箭和外贮箱三部分组成。航天飞机布局示意如图 1-7 所示。

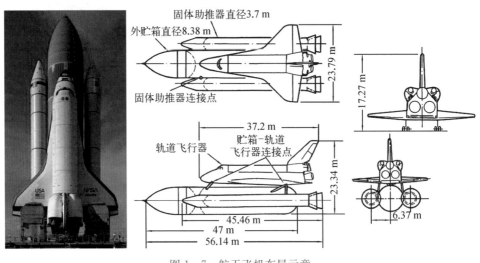

图 1-7　航天飞机布局示意

固体燃料助推火箭共两枚，发射时与轨道飞行器的 3 台发动机同时点火。当航天飞机上升到 50 km 高空时，助推火箭停止工作并与轨道飞行器分离，在海上回收后经过修理可重复使用 20 次。在航天飞机进入地球轨道之前主发动机熄火，外贮箱与轨道飞行器分离，进入大气层烧毁。外贮箱是航天飞机唯一不能重复使用的部分。

定型的航天飞机轨道飞行器外形采用翼身组合体，如图 1-8 所示。飞行器全长 37.26 m（其中机身 32.8 m），机身尾部上侧带有轨道机动发动机（orbit maneuvering system, OMS）整流罩。机翼采用三角后掠翼＋边条，翼展 23.79 m，参考面积为 361.29 m²，其中机翼面积 250 m²，机翼后掠角 45°，边条后掠角 81°，机翼后部为分裂式升降副翼。轨道器采用单立尾构型，立尾高 8 m，面积为 38.4 m²，方向舵展长 5 m，面积为 9.1 m²，向两侧同时打开时可作减速板使用[5]。

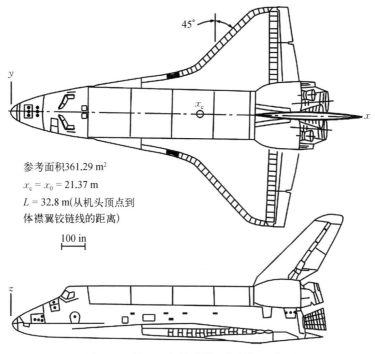

45°

y

x_{c}

x

参考面积361.29 m²

$x_{\mathrm{c}} = x_0 = 21.37$ m

$L = 32.8$ m(从机头顶点到
体襟翼铰链线的距离)

100 in

z

图 1-8   航天飞机轨道器几何特征示意图

　　航天飞机是世界上第一种往返于地面和宇宙空间的部分重复使用的航天运载器。按设计要求每架轨道飞行器可重复使用 100 次，每次最多可将 29.5 t 有效载荷送入 185～1 110 km 近地轨道，将 14.5 t 有效载荷带回地面。轨道飞行器可载 3～7 人，在轨道上逗留 7～30 天，进行交会、对接、停靠，执行人员和货物运送、空间试验、卫星发射、检修和回收等任务。航天飞机可从两个发射场发射：从肯尼迪航天中心发射执行包括地球同步轨道在内的低倾角轨道任务；从范登堡空军基地发射执行包括极地轨道在内的高倾角轨道任务。

　　作为可重复使用飞行器，NASA 最初希望它能够重复使用 100 次。而实际上，自 1981 年首飞至 2011 年退役，5 架航天飞机共飞行 135 次，平均每年少于 5 次，使用频率低于预想，并没有体现出重复使用的优势。同时，航天飞机的可靠性和安全性存在很大问题，135 次飞行中，有 2 次事故。这主要是由于预算受限，最终设计的航天飞机并不是最初的设想，而是折中的产物。

　　2) 测试技术

　　航天飞机再入飞行测量系统由航天飞机再入大气数据系统（shuttle entry air date system，SEADS）和热传导测量系统构成。其中，SEADS 主要是通过在飞行器表面特定区域布置测压孔测量表面来流压力，然后根据建立的气动模型反推得到当地大气参数和飞行，包括大气密度、攻角、侧滑角、静压、动压及马赫数等；而热传导测量系统则利用量热计等测量航天飞机表面再入过程中的防热层表面与内部温度变化，从而辨识获得气动热环境，考核防热系统性能。

为完成航天飞机的末端能量管理和进场着陆控制，需要从马赫数 3.5 给制导、导航与控制（guidance，navigation and control）系统接入大气数据。而航天飞机再入返回的飞行包线马赫数覆盖 0.3～27，攻角范围为 −5°～45°，最高温度接近 1 660℃，这给大气数据测量带来不小挑战[6]。20 世纪 80 年代，NASA 兰利研究中心提出了一种创新性的嵌入式大气数据系统[7]。SEADS 由 20 个测压孔组成，其中 14 个总压孔安装在增强 C/C 复合材料机头锥上，6 个静压孔安装在头锥后的机身上，如图 1 - 9 所示，硬件系统见图 1 - 10[6]。SEADS 为航天飞机提供攻角、侧滑角、马赫数和空速的高精度测量。经过多年研究，NASA 先后完成了 SEADS 详细的热、静力学和动力学分析及相关的试验考核，飞行数据分析结果显示 SEADS 超出了预期，其实现的 3σ 精度为攻角误差<0.5°，静压<0.5%，动压<5%，满足航天飞机 GNC 系统可容忍的误差要求[8,9]。

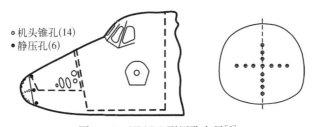

图 1 - 9　SEADS 测压孔布局[6]

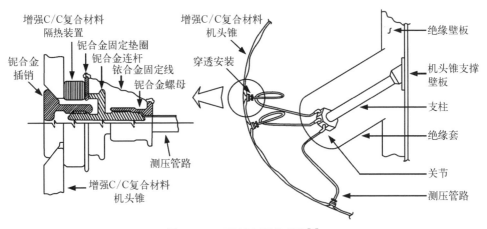

图 1 - 10　SEADS 硬件系统[6]

在航天飞机的 3 500 个装机传感器中，有 1 100 余个装在热防护系统中，其中温度传感器约 700 个，热流传感器 90 个。航天飞机的机身由铝合金制成，遍布机身各部位的热防护层必须保证在飞行过程中铝蒙皮的温度不超过 177℃。温度和热流的测量为热防护层设计的可靠性与合理的安全裕度提供判据[10,11]。

热防护层分可重复使用型与消耗型两种。前者是边长 150～200 mm，厚 5～100 mm 的轻质陶瓷瓦，工作上限温度为 650～1 260℃，或者是用硅橡胶涂敷的尼龙制品，最高工作温度 400℃（与表面涂层种类有关）；后者为增强 C/C 复合材料，用于鼻锥、机翼前缘等处，工作温度为 1 260～1 650℃[10]。

裸丝热电偶大量用于陶瓷瓦的表面、瓦内不同温度以及瓦间隙的温度测量。为了保证测量精度，ϕ0.25 mm 的热偶丝沿等温线敷设的长度应不小于 50 mm，在瓦间隙和瓦内用的热电偶常做成热偶塞，以便于安装。热偶丝材料依被测温度不同选用铂/铂铑和镍铬/镍硅[10]。

热电偶在防护瓦内的安装位置必须严格确定，而且表面必须精确模拟复杂的防热层结构。图 1-11 是测量瓦间隙温度的热偶塞安装位置及其在一次飞行试验中的测量结果。由图可知，再入时，瓦内不同温度处的温度经历差别是很大的[10]。

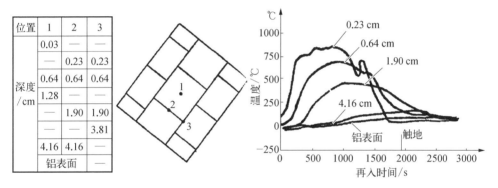

图 1-11　热电偶在防热瓦中的分布及再入过程防热瓦分层温度[10]

小型铂电阻装在金属蒙皮的内表面或蜂窝结构的外表面，主要测量-130～230℃的表面温度。传感器为片状，像邮票大小，用粘贴的方法安装。它的精度高，并且不破坏结构的完整。在航天飞机的部分结构框架上，温度会超过粘贴胶的使用温度。例如安装 C/C 复合材料防热层的框架，温度能达到 800℃。用在这种部位的铂电阻只能用点焊法安装[10]。

在鼻锥，特别是驻点区，防热层的温度经历十分重要。C/C 复合层的损耗率直接影响航天飞机飞行的成本和寿命。但是，为了避免造成结构上的应力集中和温度场的畸变，在复合层上不允许打孔。罗克韦尔（Rockwell）公司为实现鼻锥防热层温度的非接触测量，设计了 8°视角的辐射计。辐射计以铜/康铜热电堆作敏感元件，用光阑和透镜限制视角。安装前先根据 C/C 复合材料的发射率对辐射计进行温度标定。由于辐射计暴露在 1 650℃的辐射源中，而其安装部位的温度必须维持在 177℃以下，因此辐射计必须带有热沉，以维持本体温度的稳定。在安装部位，还要考虑各种不同结构材料结合处的热防护问题。所有这些都使驻点防热层的温度测量变得十分复杂[10]。

热防护层温度分层测量的主要目的是估算表面气动加热率，这是在热防护层的设计验证中普遍采用的方法。航天飞机也是如此，仅在加热率较低的部位才用直接的方法测定热流。例如，安装在机翼和尾翼外缘的辐射热流计用于测量发射时主发动机和固体火箭助推器火焰的摄射热，量程为 $2.3 \sim 23$ W/cm^2。总热流计安装在上机翼内侧和机身侧面等处，测量再入段的气动加热，量程为 $0.23 \sim 1.7$ W/cm^2。[10]

航天飞机所用的热流传感器都是热电堆，其原理是利用沿热阻板厚度方向建立起的温差测量热流。它是固态化的传感器，输出高，并且在低热流下有较高的精度，这些都是戈登（Gardon）计所不及的。热防护层温度传感器的鉴定试验不仅要考虑传感器本身的可靠性，还要检验由于安装传感器对防热层造成的损害，这一点对测定防热层表面和分层温度的热电偶特别重要。鉴定试验必须模拟实际的安装结构和预期的飞行环境，包括气动力、辐射热、等离子体流等参数。由于在地面无法全面模拟如此复杂的飞行环境，热防护层测温系统，特别是各种安装结构的合理性与可靠性往往靠飞行试验来验证[10]。航天飞机最初两次飞行 STS - 1、STS - 2 使用了安装于防热材料内部、独立的热流测试装置，但与防热材料之间的匹配问题造成测试效果较差[12]。

2. X - 37B

1）飞行器简介

X - 37B 是美国空军空间机动飞行器（Space Maneuver Vehicle，SMV）的原型验证机，是一种由一次性运载火箭顶推发射入轨的轨道试验飞行器，如图 1 - 12 所示。X - 37B 的大小约为美国航天飞机的 1/4，具备自动离轨能力，在轨演示验证新型空间机动飞行器的相关技术后，执行再入着陆操作。

图 1 - 12　X - 37B

X-37B飞行器机身长8.9 m，高2.9 m，翼展4.5 m，发射质量4 990 kg。X-37B的气动外形源自航天飞机的升力体设计方案，尺寸约为航天飞机的四分之一，二者具有相近的升阻比。X-37B采用类似航天飞机的翼身组合体布局形式，可轨道再入返回并水平着陆，机翼作为大升力面有利于能量管理和进场控制，大钝头设计则可大大降低热环境。X-37B计划运行在近地点高度200～300 km、远地点900～1 000 km的轨道上，设计在轨运行时间为270天，周转时间（再次发射间隔）72 h，以支持快速响应。

X-37计划最初隶属于NASA，研制工作始于1999年；2004年9月，美国国防部高级研究计划局（Defense Advanced Research Projects Agency，DARPA）接管该项目，负责X-37A高空高速"进场与着陆试验飞行器"（Approach and Landing Test Vehicle，ALTV）的试验工作；2006年9月，X-37项目交予美国空军管理，美国空军快速能力局负责X-37B"轨道试验飞行器"的研制和飞行试验。2010年4月，第一架X-37B轨道机动飞行器由宇宙神Ⅴ 501型火箭顶推发射并开展轨道飞行、再入返回和自主着陆试验。2010年4月至12月，完成第一次飞行试验，在轨时间224天；2011年3月至2012年6月，完成第二次飞行试验，在轨时间468天；2012年12月至2014年10月，完成第三次飞行试验，在轨时间675天；2015年5月至2017年5月，完成第四次飞行试验，在轨时间717天；2017年9月至2019年10月，完成第五次飞行试验，在轨时间780天。2020年5月17日，X-37B从卡纳维拉尔角成功发射，执行第六次飞行试验任务。

2）测试技术

研制X-37B飞行器的主要技术目标是验证先进制导控制技术、可重复使用防隔热技术、高温结构与密封技术以及自主离轨、再入和着陆技术等。X-37项目充分继承美国航天飞机、X-40/40A和其他多项X系列飞行器的成熟技术和研制方法，具有高可靠性和可重复使用的特点。

与航天飞机类似，X-37B也采用重复使用热防护系统，机体热防护采用防热瓦-毡垫防热系统，方向舵、升降舵、襟副翼采用C/SiC，翼前缘选用了防隔热一体化TUFROC材料。其中，防隔热一体化TUFROC材料综合密度更轻，是C/C复合材料的1/4，重复使用温度超过1 700℃，且成本更低。X-37B首次采用防热/承载一体热结构设计思路，完成包括V尾、副翼与体襟翼热结构控制舵的设计及研制，骨架+蒙皮非金属结构，舵轴采用高温合金，材料体系选用抗氧化C/C复合材料和C/SiC复合材料，完成防热/承载热结构部件5次再入飞行试验考核，代表技术发展趋势。为辨识飞行气动热环境、考核防热系统性能，X-37B也需要安装温度、热流等传感器，但目前没有查到相关的文献资料。

基于航天飞机、X-33、X-34等飞行器的多年研究，嵌入式大气数据解算算法不断发展，X-37B采用了非机头锥布局测压孔的方案，如图1-13所示，解算

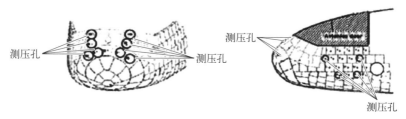

图 1 - 13   FADS非机头锥布局测压孔方案[6]

算法则采用了卡尔曼滤波的方法[6]。通过 X - 37B 的 5 次成功飞行，证明了高速飞行器嵌入式大气数据系统（flush air data system，FADS）技术在国外已基本成熟。

3. 过渡性试验飞行器 IXV

1）飞行器简介

过渡性试验飞行器（Intermediate eXperimental Vehicle，IXV）作为一个技术平台，是欧洲继 1998 年成功飞行、试验大气再入验证机（Atmospheric Reentry Demonstrator，ARD）之后，在大气再入领域开展的又一研究项目。IXV 是在欧洲未来运载器准备计划（Future Launchers Preparatory Programme，FLPP）下研发的技术验证机，主要用于演示并验证升力体飞行器的高速无动力再入机动飞行。该试验机用于检验飞行器的各分系统，以及提供基本的高速气动热力学数据来验证设计飞行器所用的工具和数据库。2015 年 2 月，IXV 飞行器由欧洲研制的织女星（Vega）火箭顶推发射并成功执行了其首飞验证飞行试验。

如图 1 - 14 所示，IXV 为升力体布局，长 4.4 m，宽 2.2 m，高 1.6 m，质量 1 815 kg，升阻比约为 0.7。两片体襟翼用于飞行控制。飞行器装备有下降与回收系统，该系统依赖一个三级超声速降落伞方案，由一组降落伞、漂浮与定位装置组成，漂浮装置确保 IXV 漂浮在海面上等待回收。

图 1 - 14   IXV

2）测试技术

IXV 项目在典型飞行环境中，验证了系统集成的先进防热系统和热结构的性能，包括先进的陶瓷与金属组件、隔热层、粘贴件、连接件和密封件，以及系统集成的先进的制导、导航和控制技术；收集了典型的再入飞行性能数据、调研相应的气动热力学现象以验证系统设计工具，在 IXV 执行大气再入任务和高速飞行时，评估了围绕在升力体飞行器周围的大气特性。

IXV 飞行试验着眼于利用演示验证系统开展完整的再入系统研究所需的设计、制造和操作能力，通过验证和试验系统能力来测试新技术。IXV 试飞器结构如图 1-15 所示，在其烧蚀型硅树脂表面安装了 37 个压力传感器、194 个温度传感器、12 个位移传感器、48 个应变计和红外热像仪，通过获取压力、温度、应变、红外图像（图 1-16）等四大类飞行测试数据，来表征再入飞行过程中的气动物理环境和热结构参数等关键信息。

图 1-15　IXV 飞行器结构[13]

飞行试验过程中，IXV 试飞器获取了包括防热层温度变化、飞行器表面温度场、飞行器表面压力/表面摩擦、端头和迎风面装配之间由于局部高热应力造成的不匹配幅度等大量气动环境和防热层响应飞行试验数据，在验证、修正和完善欧空局现有模型与方法，提升新型再入飞行器设计水平过程中发挥了重要的作用[14]。

为收集飞行过程中飞行器相对于流场的位置和该位置变化率的信息，特别是在稀薄气体与真实气体状态中尚未已知的大气参数，IXV 开展了 FADS 试验。压力孔以十字形式布置在 C/SiC 复合材料机头锥上，通过复杂的引气部组件设计与压力传感器相连，从而实现高温飞行环境下的头部压力测量。

压力探针
表面压力和表面摩擦力

红外相机
飞行器表面温度场

烧蚀型热电偶
监测热防护层的温度变化

位移传感器
局部高热应力导致的
底部和迎风面装配组
件间的不协调变形范围

图 1-16　IXV 飞行器典型飞行测试技术[15]

4. 神舟飞船返回舱

1) 飞行器简介

神舟飞船是我国自行研制的载人飞船,采用三舱一段结构,即由返回舱、轨道舱、推进舱和附加段构成(图 1-17),由 13 个分系统组成。神舟飞船从 1998 年 11 月转入正样研制阶段以后,从 1999 年 11 月到 2002 年 12 月成功进行了"神舟一号"到"神舟四号"四艘无人飞船的飞行试验,"神舟五号"飞船作为第一艘载人飞船,在 2003 年 10 月进行了 1 人 1 天的飞行试验;"神舟六号"飞船在 2005 年进行了 2 人 5 天的飞行试验;"神舟七号"飞船在 2008 年 10 月成功实现 3 人 3 天,1 人出舱的试验。此后,为开展空间站准备试验,又陆续完成了 4 次飞行。

神舟飞船返回舱从 300 km 左右的近地轨道与轨道舱和推进舱分离后,经制动再入地球,再入点飞行速度约为 7.5 km/s,采用半弹道式再入方案。返回舱气动外形如图 1-18 所示,为球冠倒锥钟形体。其中,最大迎风直径约为 2.52 m;大底球冠半径与总高度相同,为 2.5 m。

为验证气动-热防护系统综合设计的可靠性,从"神舟三号"到"神舟七号",飞船返回舱通过防热层内温度测量系统,测量了返回舱再入飞行过程中典型位置防热层内表面或防热层的分层极限温度,并与地面预估值进行了对比。

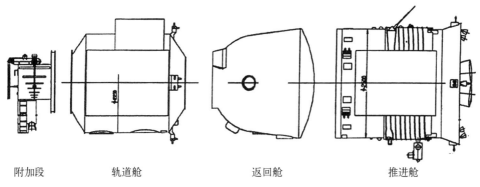

| 附加段 | 轨道舱 | 返回舱 | 推进舱 |

图 1-17 神舟飞船舱段基本构成

2）防热层内温度测量系统

神舟飞船返回舱防热层内温度测量有两种方法：晶粒测温和示温片测温。其中，晶粒测温曾在"神舟三号"到"神舟六号"上使用，示温片测温在"神舟六号"及其后续型号中使用。表 1-2 给出了两种测温方法的基本原理。

测温晶粒被安装在返回舱侧壁倒锥段某处四个象限线上的防热层内，同一位置在不同的防热层深度上分别安装 4～6 个晶粒。根据晶粒测温原理，同位置不同预埋深度的晶粒可以测出该位置防热层不同厚度下的温度在真实再入飞行过程中经历的最高极限。

图 1-18 神舟飞船返回舱气动外形尺寸

表 1-2 神舟飞船返回舱防热结构温度飞行实测方法

测温方法	测温原理
晶粒测温	晶体测温技术（crystal in-memory temperature technology, CIMT），由俄罗斯引进，体积小（直径 0.3～0.4 mm）、无需引线，测温精度可达±5℃。一般采用 SiC 材料，SiC 结构为立方晶格，将其置于原子反应堆中，经过一段时间的中子辐照后，晶格发生畸变，晶格常数也发生变化。对辐照后的 SiC 晶体进行加温后，晶格将恢复到原始状态。温度越高，晶格的恢复率越高，晶格常数的测量采用 X 射线衍射的方法进行测量，通过测量晶体衍射角的变化得到晶格常数的变化，与静态测得的原始标定曲线的对比，即可测得晶体所经历的最高温度
示温片测温	利用热敏材料到达耐受温度即发生颜色变化（神舟飞船用示温片到达耐受温度后，颜色发黑，且不可逆）的特性，通过观察实际颜色变化，判定其所受的最高温度

图 1-19 给出了"神舟五号"返回舱侧壁特征位置防热层内最大温升的晶粒实测结果与地面预测结果的对比，可见二者有一定出入。其原因一是根据内点

液晶记录温度结果外推得到的外表面温度值偏低；二是计算给出的防热层外半层（碳化层和热解区）内点所能达到的最高温度与测量结果有较大出入，可能是由于计算所采用的碳化层和热解区材料物性参数与实际情况有较大出入造成的；三是计算给出的防热层内侧周向温度分布与实测结果有一定出入，这可能是由于一维温度分布计算没有考虑内壳的周向导热，而实际上铝合金内壳周向导热会迅速将温度拉平。

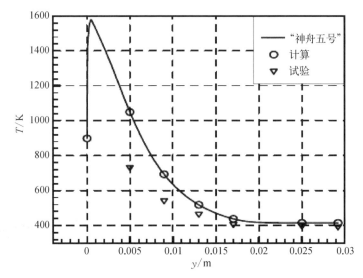

图 1-19   "神舟五号" 返回舱侧壁防热层内实测最大温升与地面预测结果对比[16]

示温片测温由"神舟六号"首次应用，示温片测温点分布包括前端钛框（小头位置）外表面、主备伞舱盖内表面和防热大底内表面。

"神舟六号"和"神舟七号"返回飞行测量结果显示，返回舱防热大底内表面的最高温度均在43℃以下，小头钛框外表面最高温度低于68℃，伞舱盖金属层内表面温度低于60℃（备份伞舱）和37℃（主伞舱）。测量结果表明神舟飞船返回舱的防隔热性能非常良好。

（二）深空再入飞行器

1. 星尘号、隼鸟号样品返回舱

1）飞行器简介

星尘号彗星探测器

星尘号探测器任务[17,18]是美国 NASA 喷气推进实验室（Jet Propulsio Laboratory，JPL）的一项行星际探测任务，实现了首次收集彗星尘埃并将样品返回地球。探测任务的主要目的是研究 81 P/Wild 2 彗星及其彗发的组成。

星尘号探测器于 1999 年 2 月 7 日发射，在 7 年航行期间飞行 4.6×10^9 km，环绕太阳 3 次进行借力飞行。飞向彗星的途中，星尘号气溶胶收集器在 2 次绕太阳飞行期间收集了星际尘埃。2004 年 1 月 2 日，探测器在距 81 P/Wild 2 彗星 240 km 处飞过，收集了彗发的尘埃样品，并拍摄了冰彗核的详细照片。

2006 年 1 月 15 日凌晨，星尘号探测器样品返回舱成功着陆在犹他州试验训练区（Utah Test and Training Range，UTTR）西北部的试验着陆区。星尘号是世界上第一个彗星样品采集并带回地球的探测器，也是继阿波罗计划以后美国第二个取回地外天体物质样本的项目。星尘号返回舱外形如图 1-20 所示。返回舱的前端为 60°半锥角圆锥形，后端为被截平的 30°半锥角形状。整舱直径为 0.811 m，高度 0.499 m。

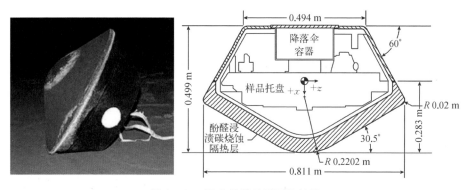

图 1-20　星尘号样品返回舱外形

表 1-3 显示了星尘号样品返回舱的主要性能指标。由表可见，星尘号返回舱再入速度接近 12.8 km/s，峰值热流密度超过了 12 MW/m^2。返回舱总重量仅 46 kg，最大截面尺寸小于 1 m。

表 1-3　星尘号返回舱主要性能指标

项　　目	指　　标	项　　目	指　　标
重量	46 kg	再入速度	12.799 km/s
包络尺寸	ϕ0.81 m×0.5 m	再入姿态偏差	不大于 10°
再入角	−8.2°±0.08°	峰值热流密度	12.6 MW/m^2
加热总量	320 MJ/m^2	着陆速度	不大于 4.6 m/s
最大过载	不大于 40g	着陆点精度	不大于 84 km

隼鸟号小行星探测器

隼鸟计划（Hayabusa，又称 MUSE-C）是日本首个带有返回任务的深空探测计划[19]。隼鸟号探测器设计需完成 5 项主要任务：① 采用离子发动机技术进行星际航行；② 采用光学信息确认其位置，进行自主导航以接近目标或改变位置；③ 在具有微重力的 Itokawa 小行星上着陆，进行采样；④ 进行地球引力辅助飞行；⑤ 采样舱返回地球。

隼鸟号探测器外形长方体，尺寸为 1 m×1.6 m×2 m，太阳电池翼展开跨度约为 5.7 m。整器发射重量 510 kg，其中返回舱 18 kg。

隼鸟号探测器于 2003 年 5 月 9 日发射升空，2005 年 9 月，探测器与 Itokawa 小行星交会，并在飞行至距离小行星表面小于 20 km 处时进行观测，随后在小行星表面采集样品。由于隼鸟号探测器在轨飞行过程中出现了一系列故障，包括姿态控制装置反作用轮故障、化学推进燃料泄漏和蓄电池丧失功能等，探测器未能按照原定计划在 2007 年 6 月返回。通过抢救操作，2010 年 6 月 14 日，隼鸟号样品返回舱在第二宇宙速度下以弹道式再入方式返回地球，顺利着陆于澳大利亚南部，如图 1 - 21 所示。

图 1 - 21　着陆后的隼鸟号样品返回舱图

隼鸟号样品返回舱外形如图 1 - 22 所示[20]。由图可见，隼鸟号返回舱外形为典型的钝头双锥外形，其中钝头球面半径为 0.2 m，迎风半锥角为 45°，后体半锥角也为 45°。返回舱最大截面直径为 0.4 m，总高度为 0.2 m。

表 1 - 4 显示了隼鸟号样品返回舱的主要性能指标。由表可见，隼鸟号返回舱再入速度超过 12 km/s，驻点热流密度超过了 11 MW/m²。返回舱总重量比星尘号更轻，仅 18 kg，最大截面尺寸仅为 0.4 m。

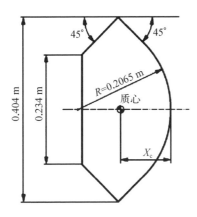 

图 1-22　隼鸟号样品返回舱气动外形

表 1-4　隼鸟号返回舱主要性能指标

项　　目	指　　标	项　　目	指　　标
重量	18 kg	峰值热流	11.2 MW/m²
包络尺寸	ϕ0.4 m×0.22 m	加热总量	276 MJ/m²
再入角	−12°	最大过载	45g
再入速度	12.2 km/s	着陆点精度	2 km

2）非接触式飞行测量系统

由于返回舱尺寸和重量规模的限制，星尘号和隼鸟号返回舱内均没有任何可用于开展飞行数据或温度测量的设备。而为辨识返回舱再入过程中的姿态参数以及气动加热与烧蚀情况，探测器参数测量团队配置了DC-8机载天文观测平台作为非接触式飞行测量系统，通过红外观测返回舱再入飞行过程中前体和后体表面的辐射光谱，结合地面流场分析和材料烧蚀特性反演，对返回舱再入飞行姿态和气动加热环境进行了辨识，并初步研究了超高速再入飞行下的绕流场气体化学反应与辐射效应[21,22]。

DC-8机载观测平台采用客机搭载18种红外观测设备，在约12 km高度采用778 km/h速度匀速飞行，通过提前预估，采用特定视角对再入中的返回舱开展实时观测和数据记录，获得返回舱再入过程中表面和等离子体辐射效果。该飞行高度下红外线吸收较少辐射率高，但紫外线由于25～30 km高度臭氧层吸收作用的关系辐射率较低。图1-23给出了各测量设备的工作波长与光谱分辨率的分布。

由于DC-8与返回器之间间隔较远（100～400 km），因此返回器表面的辐射对于DC-8上的光谱观测仪器来说是点光源，无法获得表面各处的辐射。因

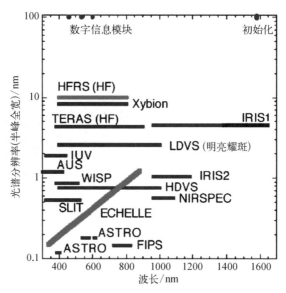

图 1-23　隼鸟号 DC-8 机载观测系统各设备工作波长与光谱分辨率的分布关系

此，需要辅以地面分析对表面各点的辐射和整体热流场进行辨识。利用空中观测平台的数据进行气动热辨识的步骤如下：

（1）在重构的弹道上选择一些点作为 DPLR 气动程序的计算输入；

（2）用 DPLR 程序数值模拟返回器在特征弹道点下的流场和辐射平衡表面温度；

（3）用材料反应程序 FIAT 对计算得到气动热数据进行防热系统烧蚀和温度场计算；

（4）在 DPLR 和 FIAT 之间进行迭代，求出返回器烧蚀平衡后的表面各点温度；

（5）代入 DC-8 位置下的视线角，利用 FIAT 表面温度和有效辐射面，求出防热层表面的普朗克辐射量；

（6）在流场中抽取可视线；

（7）用 NEQAIR 计算这些可视线上的等离子体发射和辐射传导；

（8）用返回器弹道信息和 GPS 数据计算传播到 DC-8 位置处的热和等离子体辐射之和，并将其转换成入射光；

（9）将上述计算得到的入射光信息与 DC-8 上设备获得的入射光信息对比，比较计算与飞行试验之间的偏差。

如图 1-24 所示，ECHELLE 相机记录了热流峰值前的光谱强度数据，它的灰度曲线（单位面积表面温度）与用 CFD 和材料反应程序耦合分析得到的单位面积表面温度数据在 74 km 以下具有良好的一致性，相差在 50 K 以内。另外图中 CFD 计算的表面最高温度明显高于观测值，原因是对烧蚀引射作用模拟不足或没有考虑返回舱表面涂层的高发射率对温度的降低作用。车尔尼型望远镜的分光仪的观测范围包括了峰值热流点，其所观测的表面平均温度比计算值低5%以内。经过此次辨识，确认了流场计算软件和材料反应程序的精准度。

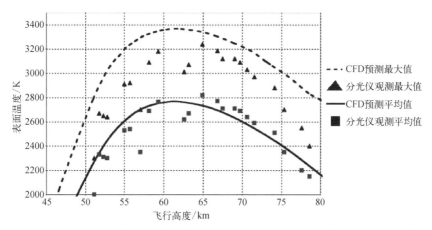

图 1-24　星尘号表面温度 CFD 预测值与分光仪观测值随飞行高度变化的对比[22]

2. 阿波罗指令舱（Apollo CM）

1）飞行器简介

阿波罗计划是美国也是人类首个登上月球的巨大工程，始于 1961 年 5 月，结束于 1972 年 12 月第 6 次登月成功后，历时 11 年 7 个月，相继完成了 6 次无人亚轨道和环地轨道飞行、1 次环地飞行、3 次载人环月飞行和 6 次登月任务，共有 12 名航天员到过月球，从月球上取回的岩石和月壤标本总重量约为 382 kg，共有 4 辆月球车在月面上巡视、探测和勘察，进行了多项重要的科学实验。图 1-25 和图 1-26 显示了阿波罗飞船的指令舱和服务舱的构型。

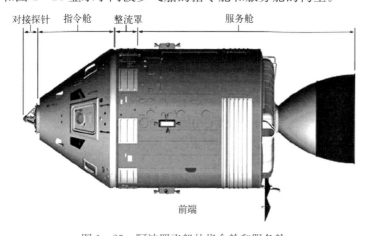

图 1-25　阿波罗飞船的指令舱和服务舱

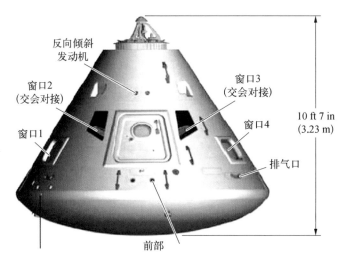

图 1-26 阿波罗指令舱构型

阿波罗飞船由指令舱、服务舱和登月舱三部分组成,飞船长约 18 m,重约 45 t,其中指令舱是航天员在飞行中生活和工作的座舱,是全飞船的控制中心,也是最终携带航天员和月球样品再入返回地球的返回器[23]。

阿波罗指令舱采用半弹道、跳跃的地球再入方式,利用自身旋转控制实现升力方向的控制,以减小再入过载和气动加热。具有 2 200~4 600 km 的航程机动能力,侧向航程修正能力优于 370 km。指令舱高 3.5 m,底部直径 3.9 m,重约 6 t(包括航天员),气动外形为球冠大头朝前的球锥,配平飞行时可提供约 0.3 的升阻比。

指令舱再入地球大气时再入点速度约为 11 km/s,驻点热流密度峰值约为 4 MW/m^2,加热时间 840 s,总加热量 300 MJ/m^2,最大过载 4.7g,采用海上回收方式。

为测量阿波罗指令舱再入过程中的表面力、热变化情况,从而验证地面设计与仿真的正确性,阿波罗所有任务中共开展了四次飞行测量试验[24],通过在表面安装压力传感器和量热计,测量并辨识得到指令舱再入过程中表面压力和热流的变化。各传感器分布如图 1-27 所示。

2)压力传感器

阿波罗指令舱上的压力传感器为美国第一代航天用压力传感器,是航天飞机 SEADS 系统压力传感器的始祖。阿波罗指令舱在大底布置了 12 个压力传感器,锥段布置了 24 个压力传感器,如图 1-28 所示[24]。压力传感器的测量范围在 0~7 psia(1 psia=1 lbf/in^2,绝对压强)。由于布局设计的限制,阿波罗指令舱压力传感器仅用于舱体再入过程中表面压力的测量及与地面数据的对比,并没有大气参数和飞行参数测量的作用。

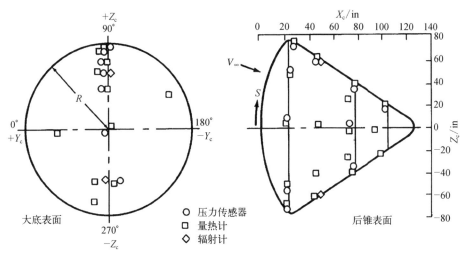

图 1-27　阿波罗指令舱表面传感器分布示意

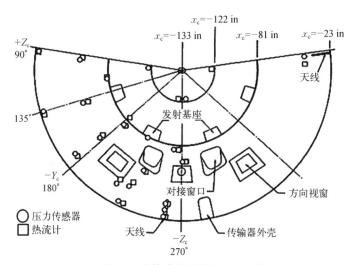

图 1-28　阿波罗压力传感器分布位置（锥段展开视角）

压力传感器结构如图 1-29 所示，采用柱塞式结构，柱塞主体为防热材料，取测压孔为直径 0.25 in（6.35 mm）的圆孔，柱塞末端通过管路连接应变膜片传感器[24]。

由于阿波罗时代 CFD 技术发展还未成熟，因此不能获得表面压力分布的三维流场解。在飞行测量数据取得后，通过与风洞测压试验结果和牛顿流理论计算结果对比，可确认指令舱表面压力地面设计的误差范围。

迎风大底表面：图 1-30 显示了飞行测压数据、风洞测压试验数据以及牛顿流理论计算压力数据在迎风大底表面

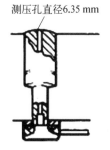

测压孔直径6.35 mm

图 1-29　阿波罗指令舱压力传感器结构

分布的对比[24]。其中，飞行数据是在月球轨道返回再入速度且飞船25°攻角条件下获得的，带状分布代表了几次试验的变化区间。由图可见，飞行数据与地面计算和试验数据均能够较好地吻合，特别是迎风面误差在5％以内，而大底背风面相差稍大，达到10％以上。

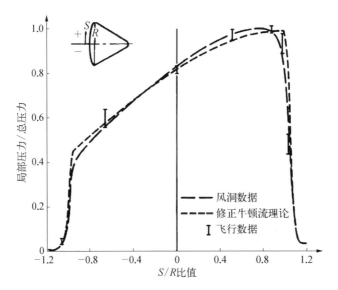

图 1-30　阿波罗飞行测量压力数据、风洞试验数据与牛顿流理论数据对比

后锥表面：009号飞船近地轨道飞行试验的圆锥部分压强测量与风洞预测结果基本一致。但是，在017号和020号飞船的进入过程中，最大加热段的圆锥部分的压强测量值低于预测值（约为预测的三分之一和二分之一）。图1-31展示了020号飞船圆锥部分迎风区压强随时间变化的测量数据[24]。最大加热时段的压强的飞行数据和风洞数据之差可能是由尾部烧蚀产生的物质射入边界层导致的。

3）辐射计

辐射计用于测量舱体表面的辐射热流，由位于烧蚀器阶梯孔底部的石英温道后的热电堆构成。其测量端主体结构如图1-32所示[24]。

进入大气层时，阿波罗指令舱受到激波和飞行器之间高温气体的辐射和对流。以近地轨道速度进入时的辐射热流可以忽略，但从月球轨道返回再入飞行时则占总热流的三分之一。

图1-33给出了在017号飞船的驻点测量的辐射热流测量数据[24]。飞行数据与理论对可见光和红外线辐射的计算结果一致。计算采用非绝热系统，考虑了辐射能量损失，在阿波罗工况（Apollo regime）下这些损失很显著。最大加热时，计算的非绝热辐射加热峰值为绝热值的76％。

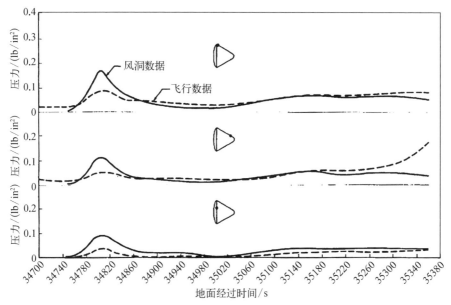

图 1-31　阿波罗迎风锥面压力随时间变化（020 号飞船）

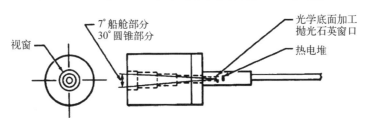

图 1-32　阿波罗辐射计结构示意

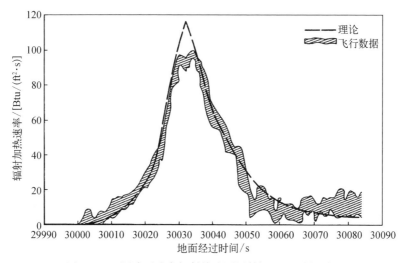

图 1-33　阿波罗驻点辐射热流测量数据（017 号飞船）

进入弹道加热段中后锥表面的辐射计几乎没有变化，这证实了空气或烧蚀碎片对后锥面部位的辐射可以忽略的预测。辐射计对飞船开伞下降时倾卸多余燃油有所反应，这证明了传感器工作正常。

4）量热计

阿波罗指令舱的量热计是用于测量舱体表面总热流密度的测量设备，有两种规格。一种是用于测量 0.53 MW/m² 以下热流的渐近式量热计，安装在后端防热环和后锥面上，其构型如图 1-34（a）所示。而另一种是 NASA 当初专门为阿波罗计划设计的，用于测量 0.53 MW/m² 以上高热流的高量程量热计，安装在大底表面。高量程量热计为柱塞式结构，见图 1-34（b）[24]，为分层结构，由几块石墨晶片堆叠而成，从而在防热层烧蚀后退过程中能够连续开展晶片表面温度的测量，通过建立温度与热流之间的转换关系，可以辨识得到舱体表面热流密度。

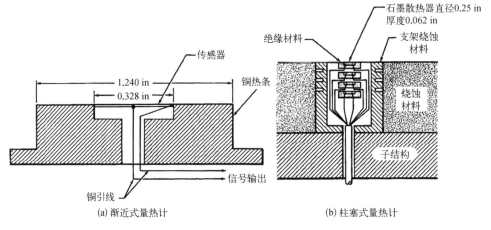

(a) 渐近式量热计 (b) 柱塞式量热计

图 1-34　阿波罗两类量热计结构示意

阿波罗热防护验证试验飞行器是第一个在迎风面加装量热计的全尺寸飞船。大底面热流密度的确定是根据飞行试验后地面试验数据的经验拟合。图 1-35 为 017 飞船飞行试验所得的加热速率与经质量引射校正的理论辐射和对流加热速率的比较，对比结果具有惊人的一致性[24]。量热计的测温晶片温度在 2 000°F 变得不稳定，导致飞行测量数据提前中断。但是，前 40 s 的数据采集已足以显示因质量引射导致的冷壁热流显著下降。其中，理论的冷壁热流是由驻点理论热流公式与风洞测热分布数据计算得到。

阿波罗飞船圆锥背风侧处于分离流区域，该区域加热率低且烧蚀材料不会碳化。渐近量热计飞行数据与基于 2% 计算驻点值的预测相符。在某些位置，测量数据低至 1%，没有观测到扰动，仅观测到反应控制发动机（reaction control engine）暂时的响应。

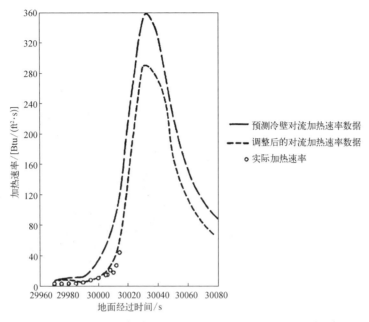

图 1-35　阿波罗辐射计测量驻点热流随时间变化（017 号飞船）

3. 猎户座（Orion）乘员舱

1）飞行器简介

猎户座飞船是 NASA 为"星座计划"研发的新一代载人航天器，起初是用于美国"重返月球计划"的主力飞船。在 2010 年奥巴马宣布取消"重返月球计划"后，美国新的太空探索战略中提出把现有猎户座飞船的基本型作为替代航天飞机退役后向国际空间站运送宇航员的运载器，以及未来开发月球基地时的运载器。每架猎户座飞船一次可向国际空间站输送 6 名宇航员，或一次向月球输送 4 名宇航员[25]。

猎户座（Orion）乘员舱的气动外形如图 1-36 所示，为球冠倒锥体外形[26]。

在正式任务前，为了乘员舱气动、防热和 GNC 系统设计的可靠性，NASA 研制了 OFT-1 试验飞船，并于 2014 年 12 月 5 日完成了首次超近地轨道再入飞行试验，再入速度为 8.9 km/s。为了测量超近地轨道再入飞行过程中乘员舱的飞行参数、大气参数、辐射热环境、流动转捩、流动分离以及表面催化特性等，

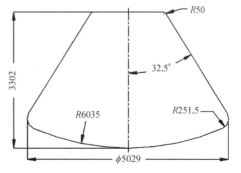

图 1-36　猎户座乘员舱气动外形及相关特征参数（单位：mm）

OFT-1试验飞船上安装了大量的传感器，主要由压力传感器（包括 FADS）、温度传感器（包括表面式和柱塞式）以及辐射计构成[27]。图 1-37 显示了乘员舱飞行测量传感器分别在大底和侧壁表面的布局。

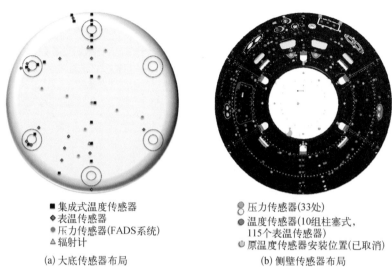

■ 集成式温度传感器
◆ 表温传感器
● 压力传感器(FADS系统)
△ 辐射计

(a) 大底传感器布局

● 压力传感器(33处)
● 温度传感器(10组柱塞式，115个表温传感器)
● 原温度传感器安装位置(已取消)

(b) 侧壁传感器布局

图 1-37　猎户座乘员舱飞行测量传感器布局

2）压力传感器

猎户座乘员舱的压力传感器主要用于大气参数测量系统（FADS）、验证表面分布力和确定当地流动状态[27]。图 1-38 中显示的大底表面压力传感器主要用于嵌入式大气数据系统，为 9 点式布局，除驻点外，十字桥每边各有两个测

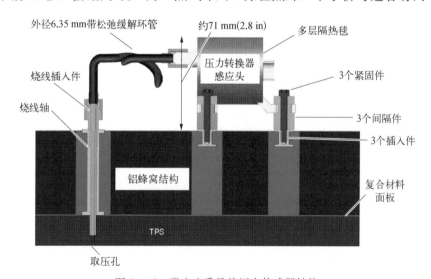

图 1-38　猎户座乘员舱压力传感器结构

点，可以有效地避免由于个别传感器故障导致系统整体精度下降的情况。

图 1-38 显示了压力传感器的典型结构，它是由航天飞机的压力传感器发展而来的，与火星科学实验室（Mars Science Laboratory，MSL）压力传感技术一致。乘员舱侧壁上安装压力传感器的目的是监测特定局部结构（如舷窗凹腔、通气孔、前端盖）附近的压力变化、RCS 干扰导致的压力与流动分离情况等。图 1-39 显示了各用途对应的压力传感器在舱体侧壁表面的分布[27]。

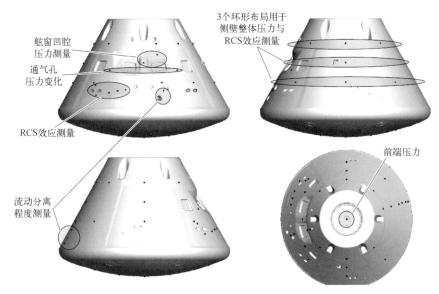

图 1-39　猎户座乘员舱侧壁压力传感器分布及用途

3）温度传感器

除表面热电偶外，乘员舱上还安装了很多用于反演表面气动加热和监测防热结构性能的柱塞式温度传感器[27]。该传感器是基于火星科学实验室（MSL）的火星进入减速着陆测量系统（Mars Entry Descent and Landing Operations，MEDLI）设计而来。利用防热柱塞结构将分层热电偶集成起来。传感器原理与结构图见图 1-40。

4）辐射计

与阿波罗指令舱类似，猎户座乘员舱也在大底表面安装了两个柱塞式辐射计[27]，用于测量地外天体探测返回再入过程中激波层辐射加热带来的表面热流增长。由于辐射加热预测的难度，辐射热环境地面预测精度相比对流热环境要低得多。而在地外天体返回再入过程中，大尺寸返回舱迎风大底表面的辐射热流激增，可能对防热系统的安全性产生很大影响。因此，猎户座也利用辐射计开展了表面辐射加热环境的实时测量，辐射计原理和最终研制的实物如图 1-41 所示。相比阿波罗时代的辐射计，猎户座的辐射计采用与防热结构的集成化设计，并设计了开放式的测量凹槽，避免了辐射计直接突出表面带来的测量不准确性。

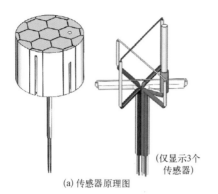

(仅显示3个
传感器)

(a) 传感器原理图

(b) 传感器实物图

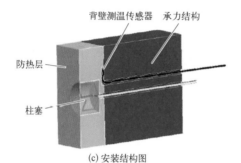

背壁测温传感器　承力结构

防热层

柱塞

(c) 安装结构图

图 1-40　猎户座乘员舱柱塞式温度传感器原理与结构图

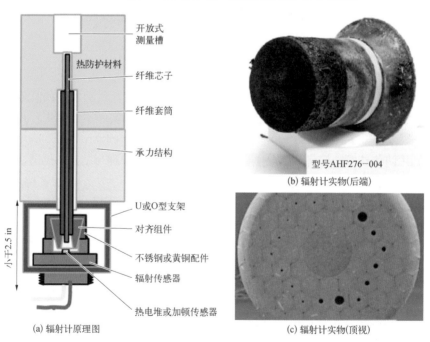

开放式
测量槽

热防护材料

纤维芯子

纤维套筒

承力结构

U或O型支架

对齐组件

不锈钢或黄铜配件

辐射传感器

热电堆或加顿传感器

小于2.5 in

(a) 辐射计原理图

型号AHF276-004

(b) 辐射计实物(后端)

(c) 辐射计实物(顶视)

图 1-41　猎户座乘员舱辐射计原理与实物图

5）催化效应测量模块

为研究防热层表面催化率对于表面对流热流密度的影响，从而修正化学非平衡气动热计算模型，猎户座乘员舱设计了催化效应测量模块[27]。其原理是在舱体某特定位置喷涂超催化材料，使其与周围防热瓦催化性能产生差异。通过在催化材料表面与其相邻防热瓦表面安装热电偶，测量飞行过程中表面温度的跳跃式变化，从而获得催化效应影响。图 1-42 显示了催化效应模块的结构与分布位置。

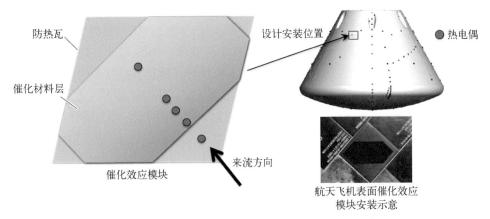

图 1-42　猎户座乘员舱催化效应模块结构及布局示意图

6）局部损伤效应测量模块

为考查防热瓦表面局部损伤对其周围热环境的影响，猎户座乘员舱设计了局部损伤效应模块[27]。其原理是，在侧壁后端某处通过挖槽形式模拟一个局部防热瓦损伤结构，然后在其凹腔结构上下游以及内部不同位置分别安装热电偶，测量损伤结构在再入飞行过程中的局部温度变化，根据温度变化规律评估损伤结构对防热瓦整体性能的影响。图 1-43 为该模块的结构与分布示意。

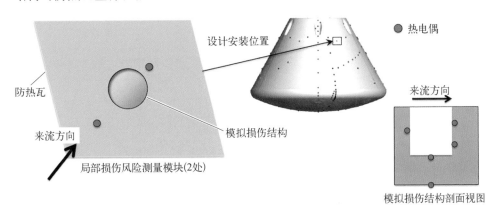

图 1-43　猎户座乘员舱局部损伤效应模块结构及布局示意图

4. 探月三期返回器

1)飞行器简介

探月三期返回器是我国首个深空探测返回再入飞行器,是完成我国月球探测"绕、落、回"三步走方针最后一步的关键组成,其主要任务是实施月球样品的安全再入返回。其中探测器系统由北京空间飞行器总体设计部抓总研制。在正式实现"回"之前,为突破和掌握第二宇宙速度高速再入返回的气动、热防护、半弹道跳跃式再入 GNC 等关键技术,探测器系统提出启动飞行试验器研制,即月地高速再入返回飞行试验器。该项目于 2011 年 1 月立项,2014 年 7 月完成研制,于2014 年 10 月 24 日成功发射入轨,准确进入地月转移轨道。经过 8 天的绕月自由返回轨道飞行,返回器于 11 月 1 日再入地球大气层,用跳跃式再入方式完成大气减速飞行,在内蒙古四子王旗预定落区成功着陆,落点精度达 2.9 km。实现了我国月地高速跳跃式再入返回技术的全面突破,为探月三期任务实施开辟了道路[28,29]。

探月三期返回器采用了神舟飞船返回舱约 1/2 的缩比外形,技术基础良好,研制难度小[29]。具体外形及尺寸如图 1-44 所示,主要技术指标如表 1-5 所示。

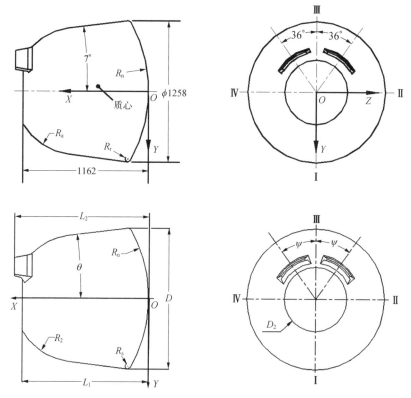

图 1-44 探月三期返回器外形及尺寸(单位:mm)

表 1－5　探月三期返回器主要技术指标

项　目	指　标	项　目	指　标
重量	330 kg	再入速度	10.66 km/s
包络尺寸	约 $\phi 1.25$ m×1.25 m	再入点高度	120 km
再入方式	半弹道跳跃式再入	峰值热流	4.8～5.2 MW/m²
再入时间	1 000～1 200 s	加热总量	550～700 MJ/m²
最大过载	不大于 7g		

　　由于探月三期返回器从月球轨道返回再入，再入速度相当高，且返回器尺寸小，导致表面热环境很高。由于返回器重量的极高约束使得防热系统研发了一系列低密度防隔热新材料，并采用了轻量化的结构设计。为了验证防热系统对于近第二宇宙速度再入飞行任务的适用性，器上设计安装了一套温度测量系统，用于测量防热层内部的温度环境。

　　2）防热层内温度测量系统

　　返回器上安装了 22 个热电偶，多数安装在Ⅰ、Ⅲ象限线上（Ⅲ象限线迎风），少量在Ⅱ象限线上，并且主要集中在热流密度较大的肩部区域。热电偶选用镍铬-镍硅热电偶（K 型热电偶），可测量温度范围为 0～800℃，测量精度为 5℃。安装热电偶时，返回器中预留安装孔，穿过结构蒙皮，埋入防热涂层中。同一个位置分别在距背壁结构 1～2 mm（迎风拐角处为 7 mm）、4.5～5.5 mm（迎风拐角处为 10 mm）以及 9～10 mm（迎风拐角处为 15 mm）三个深度处安装三个热电偶测温探头。热电偶的结构外形如图 1－45 所示。

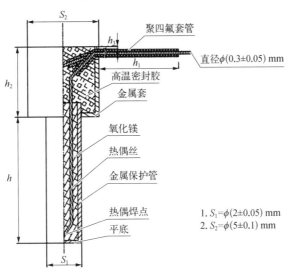

图 1－45　探月三期返回器上安装的热电偶结构外形图

（三）EXPERT 飞行试验项目

1. EXPERT 项目的目的

欧洲再入飞行试验平台 EXPERT，着重研究高温气体效应，其主要目的是为典型环境下的热力学模型、程序开发和地面试验设备提供飞行测试与验证平台，在飞行器表面采用了如图 1-46 所示的十余种特种飞行测试技术，搭载了大量的测试传感器[30-35]。EXPERT 计划是欧洲再入航天器研制的里程碑，这一计划表明欧空局认识到发展独立自主的技术进入太空的重要性，目前 EXPERT 地面试验项目已基本完成，并进入全面的工程研制阶段，EXPERT 为完成飞行试验数据收集所研发的大量针对气动物理效应和热防护结构响应的特种飞行测试技术，标志着现阶段相关领域的世界先进水平，借鉴其相关研究成果对于我国的再入航天器研制将起到积极的推动作用。

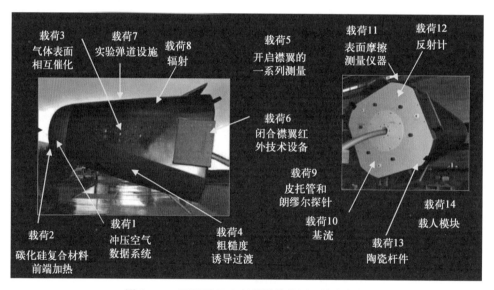

图 1-46　EXPERT 飞行器搭载的测试技术载荷

2. 测试技术载荷

EXPERT 飞行试验的任务主要包括获得高温气体动力学相关的飞行数据（边界层转捩、激波/边界层相互干扰、真实气体效应和等离子效应等）；运用已有飞行数据减少设计余量，验证数值模拟的准确性；为热防护系统研究提供依据，并研究更先进的设备来测量高温气体效应；提高再入和空间运输等相关技术水平等几个方面，其为获取真实飞行数据所搭载的再入气动环境和热结构响应特种测试技术主要包括：流场动压和热流测量、热防护系统背壁温度测量、热防护系统表面催化测量、自然流和湍流诱导转捩、开放翼面流场演变、翼背面红外热成像、边界层化学成分分析、底部流场测量、表面摩擦阻力测量、边界层结构测量等。

1）热防护系统背壁温度测量

测试目的：获取飞行器防热层背壁温度。

测试意义：背壁温度是防热材料服役环境下材料响应的关键参数，同时也是飞行器隔热结构设计的边界。

技术概况：目前的温度测试手段主要有接触式和非接触式两种。接触式以工业热电偶为代表，其具有结构简单、使用方便、成本低和对测量设备要求低等优势；但其测量温度上限一般较低，对高温测量时偶丝的焊接、固定等问题一直没有得到很好地解决，尤其在轨服役测量防热层背壁温度时必须刺穿隔热层，会带来热短路问题，热电偶还会影响被测表面的温度场分布。非接触式测量可以很好地解决上述问题，EXPERT 计划研发的如图 1-47 所示的热防护系统背壁温度测量探针就是一种基于光纤高温计的非接触式测量方法。该探针被安装于飞行器头帽后侧边缘位置，其安装方式类似于 X-38 飞行器，电源与 X-38飞行器相同，探针顶部为碳化硅管通管并通过碳密封件与头帽内壁紧密接触，飞行过程中由于与周围空气高速摩擦，头帽温度快速上升产生强烈的红外辐射，辐射信号通过安装在探针顶部碳化硅管中的高温光纤进行采集并传输到后部光纤转换处理成电信号，经解算即可获取飞行过程中头帽背面实时温度分布情况。

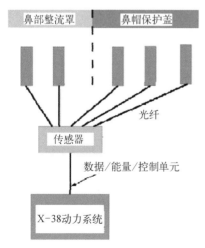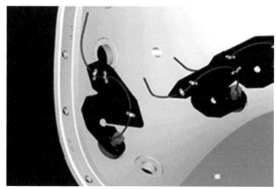

图 1-47　热防护系统背壁温度测量原理

受欧空局和德国宇航中心委托，斯图加特大学在热防护系统背壁温度测量技术方面开展了大量的工作，其所研发的传感器如图 1-48 所示。

图 1-48　EXPERT 的热防护系统背壁温度传感器

2）表面催化测量

测试目的：获取新型热防护材料表面催化特性。

测试意义：获取真实服役环境下新型热防护材料表面催化特性，完善现有热分析模型，提高新型热防护材料热响应分析与预报精度。

技术概况：再入航天器表面大量采用低/非烧蚀热防护材料体系，这类材料在地面模拟试验当中并不能完全吸收化学焓，造成地面模拟试验与真实飞行过程中材料响应差异较大。不说清催化系数，地面模拟试验很难表征真实飞行热环境，而 EXPERT 的表面催化测量技术（图 1-49）可以很好地解决这一问题。EXPERT 计划研发的催化探针主要包括一个碳化硅面板和镶嵌于其上的两块表面催化系数不同的验证材料，该探针安装在飞行器大面积区域靠近头帽附近的区域，通过安装法兰固定在飞行器冷结构上，上表面与飞行器防热层外壁随型，飞行过程中探针表面气体由于高温发生离解，碳化硅面板、两块验证材料表面催化系数的差异导致其表面热流不同，通过测试碳化硅面板和两块验证材料背壁温度可以反算出这种热流差异，进而推导出验证材料的表面催化系数。该测试探针由斯图加特大学空间系统研究所研发，目前已经完成了多次地面模拟验证试验，具备了完成飞行测试任务的条件。

3）侧滑流传感器

测试目的：获取防热层表面流动与物面摩擦系数。

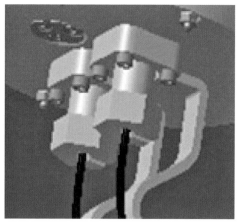

流动方向

图 1-49 EXPERT 的催化热流传感器

测试意义：物面摩擦系数是飞行器设计过程中气动力、热估算的基本参数，正确获取真实飞行条件下的该系数具有极其重要而现实的意义。

技术概况：表面摩擦阻力涉及飞行器升阻比、舵效率、气动热等多个设计环节，现阶段主要通过经典公式和飞行器气动响应来反推，不能从根本上解决模型验证问题。EXPERT 计划研发的侧滑流传感器（图 1-50）为该问题的解决提供了方案。EXPERT 计划研发的侧滑流探针为一个带有相互成一定角度两个通孔的铜质圆柱，安装于飞行器底部附近，在 70 km 高度以下高速飞行过程当中，同时测量探针两个通孔引入的气压和铜

图 1-50 EXPERT 的侧滑流传感器

质圆柱的温度，并通过实验流体力学分析方法可以获取探针安装位置的表面气体摩擦阻力特性。该项技术为德国 HTG 公司研发，已经于 2015 年 2 月搭载在 IXV 验证器上完成了飞行试验。

4）翼背面红外热成像

测试目的：确定开放翼面底部流场分布。

测试意义：为飞行器外形设计提供试验依据，验证湍流环境下飞行器表面流场状态计算模型。

技术概况：再入飞行器外表面开放舵面底部的流场呈现高度非线性特征，通过对相应部位防热层表面温度的测试来评估复杂流动区域气动热效应是目前飞行器设计急需的技术手段。但传统的基于热电偶的表面测试方法难以满足高时

空分辨率需求,且在有限的区域内大量、密集的排布热电偶将使得飞行器结构强度显著下降,这是飞行器设计所不能接受的。EXPERT 计划研发的翼背面红外热成像技术开创性地将红外热像仪应用于控制舵与大面积封闭区域温度场的测试(图1-51),很好地解决了上述难题。该探针的核心部件为三块经过特殊设计并匹配安装于控制舵背面的高温石英透镜,通过地面调试,将控制舵背面封闭区域投影到飞行器内部的红外相机镜头上,飞行器飞行过程中控制舵背面防热层在高温气流冲刷下温度迅速升高,产生红外辐射,辐射信号投影到红外相机镜头上并被记录下来,飞行试验后通过分析即可获取高分辨率的实时温度场分布特征。EXPERT 计划研发的翼背面红外热成像技术已经成功应用于 IXV 验证实验飞行器,并于 2015 年 2 月成功完成了飞行试验。

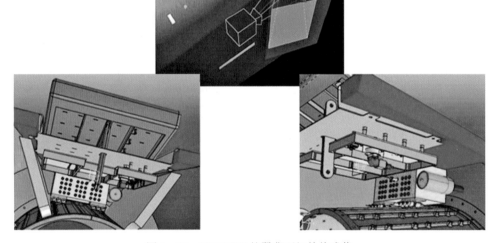

图 1-51　EXPERT 的翼背面红外热成像

5)边界层流动状态测量

测试目的:通过空速管测试边界层流场状态。

测试意义:提高对流动边界层结构与速度梯度的认识水平,对于完善与验证现有气动热力学模型具有重要的意义。

技术概况:目前,对于再入飞行器表面边界层的速度结构还没有传统的飞行测试手段可以测量。EXPERT 计划首次尝试将特殊集成的空速管应用于这项关键参数的测试,并在地面试验中取得了成功。EXPERT 计划研发的边界层流动状态测量探针(图1-52)由 15 个集成在一起的空速管构成,安装于飞行器大面积区域尾部，通过 CFD 分析优化，确保在飞行过程中始终有 8 个空速管在边界层内部。空速管采用碳化硅材料制成，每个空速管内部流道上安装两个气压传感器，分别测试来流动压与静压，通过飞行试验数据后处理，可以由这两个压力推算出空速管入口处的流动速度，15 个集成在一起的空速管经过结构优化，即可获取所需的边界层内外流动速度分布数据。

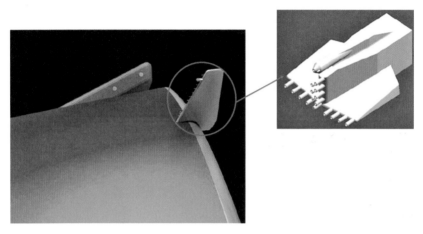

图 1 - 52　EXPERT 的边界层流动状态测量探针

6）层流和湍流诱导转捩测量

测试目的：测试飞行器表面粗糙度对其表面流场状态的影响，测试湍流环境对飞行器表面温度、压力等参数的影响。

测试意义：为飞行器外形设计提供试验依据，验证湍流环境下飞行器表面流场状态计算模型。

技术概况：高速流动边界层转捩是目前流体力学尚未解决的几个经典问题之一，对于新型航天器设计至关重要。EXPERT 计划的层流和湍流诱导转捩测量技术由 3 个尺寸、位置经过详细流体力学设计的耐高温突起物和分布于突起物前后特定区域的 15 个热电偶共同构成（图 1 - 53），布置在机身大面积区域中部。飞行过程中，三个突起物干扰飞行器表面流动状态引发转捩，分布于突起物周围的传感器获取防热层表面温度变化情况，为流体预报模型的验证与修正提供依据。该项技术由德国宇航中心负责研制并通过地面模拟试验测试。

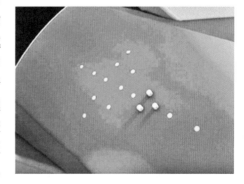

图 1 - 53　EXPERT 的粗糙转捩测量

7) 开放翼面对于流场的影响测量

测试目的：测试开放翼面对飞行器表面流场状态的影响程度。

测试意义：为飞行器外形设计提供试验依据，验证湍流环境下飞行器表面流场状态计算模型。

技术概况：再入过程中飞行器舵面与体身激波相互干扰问题是新型航天器设计过程中一个十分重要的问题，激波干扰会导致飞行器局部表面热流成倍上升，识别真实飞行过程中这种干扰对于气动热的影响规律、验证与修正地面预报模型是各航天大国普遍关心的问题。EXPERT 计划在其验证飞行器开放舵面前方防热层表面布置了数十个热电偶、压力探针和热流探针（图 1-54），用于再入飞行全过程中对表面温度、压力和热流进行实时测试，获取的信息将用于后续新型航天器设计。该项技术由德国宇航中心负责研制并完成了地面综合试验。

 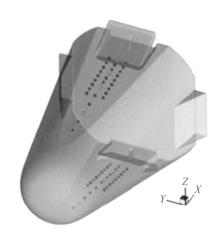

■ 压力
■ 热流密度
■ 温度

图 1-54　EXPERT 的激波干扰测量

8) 边界层化学成分分析

测试目的：测试边界层化学成分。

测试意义：验证服役环境下材料与环境相互作用的计算模型。

技术概况：新型航天器再入飞行过程中边界层内气体化学成分对于真实气体效应、催化效应、表面摩阻等都至关重要，是飞行器设计过程中的关键参量，但传统飞行测试技术并未具备该项测试能力。EXPERT 计划将光谱分析仪直接搭载在其验证器上用来测试真实飞行条件下的边界层组分，是一次具有开创性的尝试。该系统主要由电子束激励器、光学透镜、光纤和光谱仪构成（图 1-55），电子束激励器安装于飞行器头部，光学透镜安装于飞行器大面积区域表面。飞行过程中电子束激励器产生电子束射向边界层，边界层内气体受激后发生跃迁产生特征谱线，光学谱线信号通过置于机身大面积区域上的光学透镜进行收集后聚焦于飞行器内部的光纤端头，光纤将光学信号传输给安装于飞行器内部的光谱分析仪进行采样保存。飞行试验后将获取的光学谱线信息与标准原子、分子发射光谱谱线相比对，即可获取边界层化学组分信息。该项技术由德国宇航中心研发并完成地面综合试验。

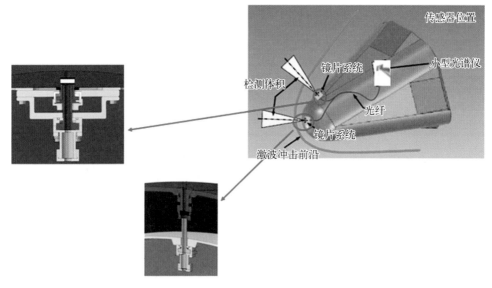

图 1 - 55　EXPERT 的激波辐射光谱测量

三、我国航天再入飞行测试需求

（一）深空超高速再入飞行测量技术需求

根据《2016 中国的航天》白皮书的描述，我国在 2030 年前将会陆续实施包括月球取样返回（"嫦娥五号"、"嫦娥六号"）、火星着陆巡视探测和取样返回、小行星附着与取样返回、木星系穿越在内的一系列深空探测任务。

上述任务中，小行星探测和火星取样返回任务最终都需要实现从深空地外天体采集样品后再入返回地球并安全着陆回收，由此均涉及返回器的再入飞行过程。经过先期技术与资源论证，初步确定小行星探测和火星取样返回采取基本一致的超高速再入方案，样品返回器方案也具有技术延伸性。

根据小行星探测实施方案初步论证结果，完成小行星采样任务后，探测器携带返回器完成小行星-地球轨道转移，进入再入返回过渡轨道，在到达再入点之前约 20 min 时，探测器起旋后与返回器分离，返回器进入地球大气，采用弹道式再入，通过气动减速和伞系减速最终安全着陆，完成小行星样品回收。整个再入飞行与回收过程如图 1-56 所示。

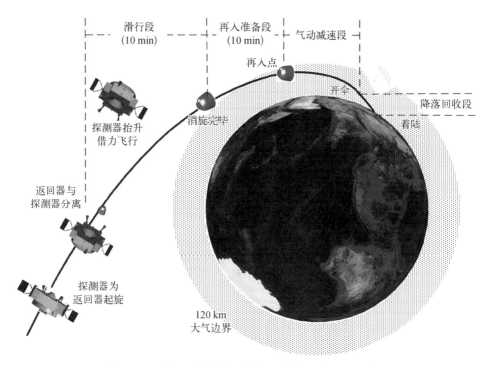

图 1-56　小行星样品返回器再入飞行与回收过程示意图

对比国外同类返回器的任务目标、飞行剖面和系统规模，我国的小行星取样返回器应采用与星尘号或隼鸟号类似的方案，再入速度在 12～13 km/s，返回器系统规模不超过 50 kg，尺寸包络不超过 0.8 m，样品在 1 kg 以内，用弹道式再入，减速方式为"气动外形＋降落伞"。初步设计与分析后，发现若采用与星尘号类似的高减速大钝头外形，返回器最大热流可达 10 MW/m² 以上，其中辐射热占比不可忽略。返回器再入后开伞前飞行时间在 300 s 以内，飞行时间很短。为控制总重量，防热系统必须采用超轻型的低密度烧蚀防热材料体系，由于极限热流很高，可能导致防热结构表面烧蚀率剧增，一方面给防热系统的安全性带来风险，另一方面由于烧蚀不均匀性，产生较大的烧蚀粗糙度，可能造成迎风表面边界层流动发生转捩。此外，再入速度高导致迎风头部绕流场气体发生离解、电离，形成很厚的等离子体层，使得飞行器大部分再入飞行时段均处在黑障中断区。由此可见，对于深空超高速再入飞行任务，高精度大气数据与飞行参数测量、全飞行器表面对流/辐射热测量、防热结构性能验证、边界层流动转捩测定与湍流热效应测量、等离子体鞘内电子密度测量是飞行测量技术发展的重点。

参考国内外深空再入器飞行测量技术的发展现状，并结合我国后续深空探测返回器的任务指标，建议我国深空超高速再入返回器的飞行测量需求确定如下：

（1）全空域大气密度、动压、马赫数、攻角和侧滑角测量所需设备：FADS（注意低密度材料大烧蚀后退的影响）；

（2）全过程全飞行器气动加热测量所需设备：柱塞式分层温度传感器（用于大烧蚀环境）；

（3）驻点辐射热测量所需设备：辐射计（仅用于未产生明显烧蚀的飞行段）；

（4）边界层流动转捩测定与湍流热效应测量所需设备：温度传感器（可与气动加热测量设备融合设计）；

（5）等离子体鞘内电子密度测量所需设备：微波反射计（可与中高频天线融合设计）。

（二）高升力大机动长时间再入飞行测量技术需求

高升力大机动飞行器在大气层内具有飞行速度高、高度变化大、飞行时间长、飞行姿态变化大等特点，由此带来大气数据分布范围广、真实气体影响大、激波干扰与边界层流动转捩效应显著、热流与加热量环境恶劣、飞行控制要求高、等离子体黑障中断问题突出等特征。为验证飞行器各系统功能性能的安全性，并尽可能准确地获得飞行器再入飞行过程中的大气参数与气动力/热参数，就需要发展包括大气数据测量在内的一系列飞行测量技术，从而在飞行试验中实时测得飞行器指定位置的表面压力、剪力、防热层温度等数据。

参考国内外飞行测量技术的发展现状和国内外再入飞行试验参数测量设备的配套应用情况，建议高升力大机动长时间再入飞行器的飞行测量需求确定如下：

（1）再入全过程六自由度气动力、力矩参数所需设备：FADS、高精度过载传感器；

（2）再入全过程典型位置气动热环境所需设备：分层温度传感器；

（3）主要制导控制区（70 km以下）大气密度、马赫数、动压、攻角、侧滑角所需设备：FADS；

（4）RCS喷流干扰效应所需设备：压力传感器（布置在喷流出口附近）；

（5）边界层转捩准则与湍流热所需设备：诱导转捩带、分层温度传感器；

（6）防热材料催化特性所需设备：材料涂层、催化传感器；

（7）舵面力矩测量所需设备：压力传感器、应变片（布置在舵面附近）；

（8）流动分离验证所需设备：压力传感器（布置在预估流动分离位置）；

（9）黑障与等离子体浓度验证所需设备：朗缪尔探针/微波反射计；

（10）防热与承力结构性能验证所需设备：分层温度传感器、背壁热电偶、压力传感器、形变传感器。

四、小结

目前对于高超声速再入过程中气动问题的研究还存在大量机理不明、模拟困难的方面，极大限制了飞行器的精细化设计与控制，在安全原则内的高冗余量设计进一步降低了飞行器的载荷能力，提高了研制和发射成本。随着再入速度越来越高，辐射和等离子体效应带来的问题越来越复杂，对测试技术的精度、量程、动态范围以及测量参数的多样性也提出了越来越高的需求。但测量手段主要还是集中在预测气动力特性的压力传感器技术和预测气动热特性的热流/温度传感器技术方面。欧洲 EXPERT 项目专门针对高超声速再入气动问题集成了大量测试载荷，特别是转捩测量、催化测量、非接触测量、高温气体诊断等方面相比以往航天再入飞行试验具有长足进步。而且地面试验和数值计算模拟完成了多轮迭代验证，积累了大量数据经验，但受限于发射火箭等飞行试验平台缺乏，导致 EXPERT 项目自 2001 年提出至今也没有开展真实飞行试验，其研发的大量先进测试技术未能发挥最终作用。

我国航天领域起步较晚，主要通过重大工程型号任务追赶欧美水平，在基础理论研究和先进测试技术发展方面重视不足，不仅大量缺乏辐射、催化、高温化学等高超声速气动问题研究相关的先进测量手段，而且已有的压力/温度传感器在耐高温性能、精密封装、频率响应、低量程弱信号检测、数据分析算法等方面落后国际先进水平，无法满足我国航天再入飞行器发展的需求。全面发展飞行测试技术，通过开展飞行试验建立丰富的气动数据库，已刻不容缓。

◇ 主要参考文献 ◇

［1］吴伟仁，于登云．深空探测发展与未来关键技术［J］．深空探测学报，2014，1（1）：5-17.

［2］梁杰，李志辉，杜波强，等．探月返回器稀薄气体热化学非平衡特性数值模拟［J］．载人航天，2015，21（3）：295-302.

［3］陈思员，苗文博，程晓丽．地球大气再入返回器辐射加热计算方法研究［J］．空气动力学学报，2013，31（3）：333-337.

［4］苗文博，程晓丽，艾邦成，等．高超声速流动壁面催化复合气动加热特性［J］．宇航学报，2013，34（3）：442-446.

［5］周晶．天地往返可重复使用运载器技术发展研究［D］．哈尔滨：哈尔滨工业大学，2012.

［6］ 黄喜元，陈洪波，朱如意. 高超声速飞行器嵌入式大气数据获取技术研究［J］. 导弹与航天运载技术，2017，3：58 - 64.

［7］ Pruett C D，Wolf H，Heck M L，et al. An innovative air data system for the space shuttle orbiter：Data analysis techniques［C］. Las Vegas：AIAA/SETP/SFTE/ SAE/ITEA/IEEE 1st Flight Testing Conference，1981.

［8］ Siemers III P M，Wolf H，Flanagan P F. Shuttle entry air data system concepts applied to space shuttle orbiter flight pressure data to determine air data - STS 1 - 4［C］. Reno：AIAA 21st Aerospace Sciences Meeting，1983.

［9］ Wolf H，Henry M W. Shuttle entry air data system（SEADS）：Optimization of preflight algorithms based on flight results［C］. San Diego：15th Aerodynamic Testing Conference，1988.

［10］ 陈康琪. 航天飞机中的温度测量［J］. 遥测遥控，1988，9（2）：39 - 44.

［11］ Stoddard L W，Draper H L. Development and testing of development flight instrumentation for the space shuttle thermal protection system［C］. Pittsburgh：24th International Instrumentation Symposium，1978.

［12］ Haney J W. Orbiter entry heating lesson learned from development flight test program［R］. NASA CP - 2283，1983.

［13］ Angelini R，Denaro A. IXV re-entry demonstrator：Mission overview，system challenges and flight reward［J］. Acta Astronautica，2016，124：18 - 30.

［14］ The Spaceflight101 Team. IXV-intermediate experimental vehicle［EB/OL］.［2016 - 08 - 01］. www. spacelight101. com /space-craft / ixv-intermediate-experimental-vehicle.

［15］ 张云昊，白光辉，尤延铖，等. 欧洲典型再入飞行测试技术分析［J］. 推进技术，2018，39（10）：2289 - 2296.

［16］ 国义军，等. 神舟飞船返回舱再入热环境和烧蚀性能评估［R］. 绵阳：中国空气动力研究与发展中心，2004.

［17］ Desai P N，Qualls G D. Stardust entry reconstruction［J］. Journal of Spacecraft and Rockets，2010，47（5）：736 - 740.

［18］ Kontinos D A，Stackpoole M. Post-flight analysis of the stardust sample return capsule earth entry［C］. Reno：46th AIAA Aerospace Sciences Meeting and Exhibit，2008.

［19］ Kawaguchi J. The Hayabusa mission —— Its seven years flight［C］. Honolulu：IEEE Symposium on VLSI Circuits（VLSIC），2011.

［20］ Yamada T，Inatani Y，Honda M，et al. Development of thermal protection system of the muses - c/dash reentry capsule［J］. Acta Astronautica，2002，51（8）：63 - 72.

［21］ Kontinos D A，Jordan D E，Jenniskens P. Stardust hypervelocity entry observing campaign support［R］. NASA/TM - 2009 - 215354，2009.

［22］ Winter M W，McDaniel R D，Chen Y K，et al. Radiation modeling for the reentry of the Hayabusa sample return capsule［J］. Journal of Spacecraft and Rockets，2010，47（5）：741 - 752.

［23］ 顾荃莹，邢卓异. 国内外深空探测再入返回技术现状研究［C］. 北京：第二十二届全国

空间探测学术讨论会，2009.

[24] Lee D B, Goodricb W D. The aerothermodynamic environment of the Apollo command module during superorbital entry [R]. NASA TN D-6792，1972.

[25] DeMange J, Taylor S. Overview of CEV thermal protection system seal development [R]. NASA/CP-2009-215677，2009.

[26] Greathouse J S, Kirk B S, Lillard R P, et al. Crew exploration vehicle (CEV) crew module shape selection [C]. Reno：45th AIAA Aerospace Sciences Meeting and Exhibit，2007.

[27] Kowal T J. Orion flight test-1 thermal protection system instrumentation [R]. JSC-CN-23591，2011.

[28] 杨孟飞，张高，张伍，等. 探月三期月地高速再入返回飞行器技术设计与实现 [J]. 中国科学：技术科学，2015，45 (2)：111-123.

[29] 陆亚东，李齐，耿云飞，等. 月地高速再入返回器气动设计与验证技术 [J]. 中国科学：技术科学，2015，45 (2)：132-138.

[30] Muylaert J, Ottens H, Walpot L, et al. Flight measurement technique developments for EXPERT, the ESA in flight aerothermodynamic research programme [C]. Vancouver：55th Internatioal Astronautical Congress，2004.

[31] Clipollini F, Muylaert J M. European activities on advanced flight measurement techniques for hypersonic space vehicles [C]. San Francisco：25th AIAA Aerodynamic Measurement Technology and Ground Testing Conference，2006.

[32] Vecchio A D, Marino G. EXPERT — The ESA experimental re-entry vehicle：Overview of the experiments and payloads qualified and accepted for the flight [C]. San Antonio：39th AIAA Fluid Dynamics Conference，2009.

[33] Herdrich G, Kurtz M A, Fertig M, et al. The in-flight sensor systems PYREX, PHLUX and RESPECT for the capsule EXPERT [C]. San Francisco：9th AIAA/ASME Joint Thermophysics and Heat Transfer Conference，2006.

[34] Ottens H, Walpot L, Cipollini F, et al. Aerodynamic environment and flight measurement techniques of EXPERT [C]. Canberra：14th AIAA/AHI Space Planes and Hypersonic Systems and Technologies Conference，2006.

[35] 王庆文，柳军，袁先旭，等. 欧洲再入飞行器 EXPERT 地面试验项目研究进展 [J]. 飞航导弹，2015 (9)：16-23.

第二章

具体测试技术的国内外
发展水平与技术瓶颈问题

本章围绕表面温度、热流（含催化）、压力、大气数据、电子密度、高温气体光谱、表面摩阻等测量技术梳理了国内外发展水平和我国能力差距，基本覆盖了高超声速再入气动问题研究需求。

一、表面温度与热流测试技术

（一）技术介绍

高超声速飞行器在大气层内飞行时，与周围空气的相互作用会导致飞行器表面形成高温边界层，进而给飞行器的结构、材料施加巨大的气动热载荷，严重影响了飞行器的结构安全和寿命。超声速和高超声速的巡航导弹在再入大气层过程中，也会经历恶劣的热环境，其表面温度可达上千度，为了使导弹能成功再入，需要在其表面安装防热系统，使导弹不至于过度发热而损坏导弹本身。然而，防热系统的成功设计在很大程度上是取决于飞行器表面热流密度的准确估计，热流估计越准确导弹打击能力和精度越有保障。根据飞行器外形、飞行马赫数以及飞行高度等情况影响，飞行器表面气动热流输入范围从几百 kW/m^2 量级的低热流至 $10\ MW/m^2$ 量级的高热流。因此，在高超声速飞行器防热结构设计、气动热环境预测以及防热试验评估与飞行测试中，热流参数也是一个重要的输入/预测/测试与评估参数。例如，在高超声速飞行器湍流对气动加热影响机理研究中，湍流热流数值预测理论与模型还不成熟，其预测不确定度甚至达到30%。转捩预测模型不确定度更大，且转捩预测模型的建立和发展一定程度上依赖于表面温度与热流传感器的测试精度。湍流与转捩预测不确定度会导致飞行器防隔热材料冗余度过大，严重影响高超声速飞行器性能的发挥。因此，需要通过理论数值分析与气动热测试验证相结合，获得模型热流的精确测量值及分布，为改进湍流热流换热模型提供可靠试验验证数据。

在化学非平衡区域中，飞行器表面承受的气动热载荷由三部分组成：一是高温非平衡气体对飞行器表面的辐射加热（当激波层内气流温度小于 10 000 K 时，可忽略辐射加热）；二是由于激波层内高焓离解气体的温度远远高于飞行器表面温度而产生的对流、传导加热（该部分大小由对流换热系数、高焓离解气体的热传导系数以及飞行器表面与高焓离解气体之间的温度差确定）；三是高焓离解气体的化学离解焓（由离子、原子等的生成焓与相应浓度确定）在飞行器表面释放（离子与电子的复合、原子与原子复合放热作用）所产生的化学加热。高焓离解原子在防热材料表面的复合速率（表面催化特性）直接影响着化学非平衡激波层对飞行器表面的化学加热。若材料表面对各气相原子之间的复合具有较强的催化作用，即材料表现为催化特性，则加快了扩散到飞行器表面各气相原子之间的复合反应速率，从而加重了飞行器表面的化学加热；若飞行器表面对各类气相原子之间的复合具有很低的催化作用，即材料表现为非催化特性，则大量扩散到飞行器表面的各原子来不及完全复合即流向下游，从而缓解了飞行器表面的化学加热。因此，若绕飞行器的流动处于严重的化学非平衡状态，则飞行器热防护系统（TPS）所承受的气动热载荷在很大程度上受到防热材料表面催化特性的影响。防热材料表面催化效应直接控制着高焓离解气体中气相原子在材料表面的复合速率，从而影响飞行器表面气动加热的热流。防热材料表面催化作用的程度不同，导致飞行器表面气动加热热流的不同，其对气动热载荷的影响不能忽视。相关研究结果表明：在驻点区域，完全催化表面的热载荷是完全非催化表面热流的 2 倍；在非驻点区域，完全催化表面的热载荷较完全非催化表面热流高 12%～50%。而在过去高超声速飞行器热防护系统的设计中，通常将防热材料表面视为完全催化特性来考虑，这一保守设计原则将会导致热防护系统设计对材料提出更高的要求，增加了材料研制难度，并且降低了飞行器的有效载荷并增大了发射成本，若将防热材料表面催化反应复合效率考虑偏小，将会严重误导热防护系统的设计，对超声速飞行器安全造成危害。

飞行试验模型表面和内部温度准确感知同样具有非常重要的作用：① 由于热流测试是基于温度测试数据来逆估计出，因此，温度动态响应测试及准度影响到热流传感器热流测试的频响特性和准确度；② 模型外表面温度的高频响高精确度动态测量可以表征边界层的一些关键气动现象（与表面相互作用的边界层转捩、湍流以及激波干扰等），为验证气动热环境预测模型提供试验数据；③ 模型内部及后壁温度测试，可以为防热材料与结构传热分析提供试验验证数据，有助于开展防热材料优化设计。

表面温度和热流是表征再入飞行器气动热环境以及飞行器材料与结构热响应的重要测试参数。表面热流参数根据验证对象不同可以分为冷壁热流参数和热壁热流参数。冷壁热流主要是关注具体再入飞行器几何外形、飞行姿态以及飞行轨迹参数（高度、速度）情况下的气动热环境输入热；热壁热流主要是关注在气动热环境与再入飞行器之间的动态热交换过程，因此热壁热流动态变化主要由边界层特性、飞行器表面特性（表面粗糙度、表面催化特性和热辐射特性）以及表面温度来决定。热流测量的基本物理量是温度响应数据（内部或表面）；然后基于所测时间/空间-温度数据和逆传热模型，获得热流输入参数。模型表面温度参数则是反映气动热环境与飞行器之间热交换过程的一个重要物理量表征参数，用于表征在热壁热流输入情况下，再入飞行器材料及结构的热响应。

根据传热过程中温度和时间的关系，传热过程可以分为稳态和非稳态两种。凡是所研究对象内部各处温度不随时间而改变的热量传递过程称为稳态热传递过程，反之则称为非稳态热传递过程。热传递有三种基本方式，即导热、对流和热辐射。高温高速气流对模型/飞行器的气动加热过程中，包括了导热、对流和热辐射三种加热方式。对于如图 2-1 所示的控制体积（包括热流传感器在内——图中虚线框），根据热力学第一定律，在模型表面上存在如下的能量平衡关系：

$$q_{\text{conduction}} = q_{\text{convection}} + q_{\text{radiation}} \qquad (2-1)$$

其中，$q_{\text{conduction}}$ 为模型向内部的导热热流；$q_{\text{convection}}$ 为高温气流对模型的对流加热；$q_{\text{radiation}}$ 为环境与模型表面的辐射换热（有可能为正，也有可能为负）。

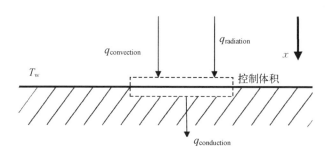

图 2-1　飞行器表面能量平衡示意图

目前，最为实用和有效的获取热流的方式就是通过热流传感器感知向内传导热流来表征表面外部输入热流实现。热流传感器是一种接触式的热流测量方式，采用具有一定假设条件的传热数学模型，通过测试传感器表面或内部温度来获取向内输入传导热流，由此来反映换热界面外部输入热流（包括对流、导热、热辐射以及催化热），最基本的方法包括：① 基于半无限体假设的瞬态热流测试方法；② 热容方法；③ 稳态温度梯度方法。

（二）国外发展水平

在模型飞行试验中，主要包括压力、温度、热流以及加速度参数的测试。其中，表面温度及热流是表征气动热环境与模型外壁流固耦合作用的重要参数。在热流测试方面，国外一些研究机构在飞行测试中把地面模拟试验中采用的冷壁热流测试方法通过一定改进应用到飞行测试环境中去，其中包括：① 基于能量平衡原理测试方法。例如，美国20世纪60年代的飞行试验热流测试、大气再入演示器（Atmospheric Re-entry Demonstrator，ARD）（1998）采用纯铜材料的塞式量热计方法；后来，为了适应高热流长时间测试需求，Apollo AS-201、202飞行试验项目则采用石墨材料塞式量热计测热方法（图2-2）；② 基于温度梯度的测热方法。例如，美国20世纪80年代的美国空军飞行动力学实验室飞行试验热流测试，高超声速国际飞行研究与试验（Hypersonic International Flight Research Experiment，HIFiRE）项目（2007~2011）、充气式再入飞行器试验（Inflatable Re-entry Vehicle Experiment 3，IRVE-3）（2012）以及SHEFEX-Ⅱ项目分别采用了施密特-博特尔（Schmidt-Boelter）计（图2-3）和微型热阻热流传感器（heat flux micro-sensor，HFM）；Apollo 4、Apollo 6（1967~1968）和Apollo AS-201、202项目也采用了热沉式戈登计用于低热流测量（图2-4、图2-5）。

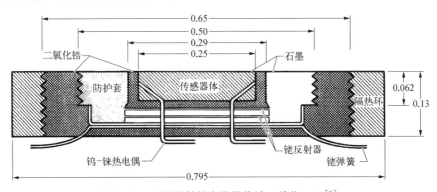

图2-2　石墨基材的塞块量热计（单位：in）[1]

由于传统的冷壁热流传感器具有特定材料和内部结构，往往与周围模型材料在表面催化特性、热物性参数以及几何尺寸方面存在差异，导致传感器感应面温度与周围模型表面温度产生明显的不一致情况，即"材料热匹配"和"结构热匹配问题"。这种热匹配问题会带来明显的热流测试干扰，所测热流不能完全真实反映飞行器表面无扰动热壁热流[2]。因此，针对这个问题，国外一些飞行测试则采用具有良好热匹配的热流传感器或温度传感器，基于所测温度数据，结合数值正向传热或逆估计方法获得无（微）扰动热壁热流数据。例如，高超

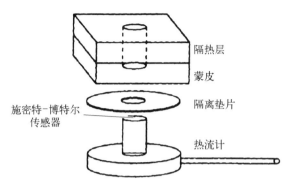

图 2-3　美国空军飞行动力学实验室飞行测试用施密特-博特尔热流计[2]

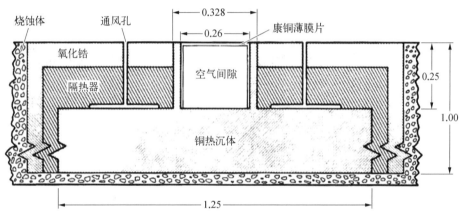

图 2-4　热沉式戈登计（单位：in）[1]

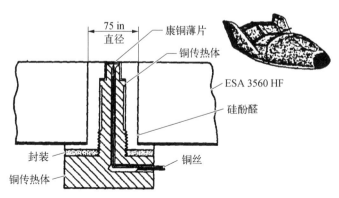

图 2-5　美国空军飞行动力学实验室飞行测试热沉式戈登计[2]

声速国际飞行研究与试验（HIFiRE）项目（2007～2011），考虑到与周围模型材料热物性参数相似性，T 型同轴热电偶安装在铝制外壳上，而 E 型同轴热电偶则安装在不锈钢部件上来测表面温度；然后以所测表面温度作为边界输入参数，采用一维正向传热数值求解方法获得表面输入热流；另外，气动热/弹性结构系统环境试验（Aerothermodynamic/elastic Structural Systems Environment Tests，ASSET）项目、航天飞机（Space Shuttle）、地球及行星大气层实验测试（Earth-Planetary Atmosphere Experiments Test，PAET，1971）以及猎户座探索飞行测试（Exploration Flight Test-1，EFT-1，2014）项目则直接以模型材料作为热流传感器传热体（图 2-6、图 2-7），内埋热电偶获得表面或内部温度响应数据，采用一维传热正向或逆数值求解方法获得表面输入热流。

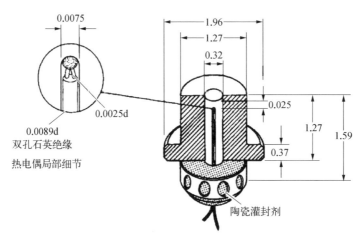

图 2-6　PAET 热流传感器（单位：cm）[3]

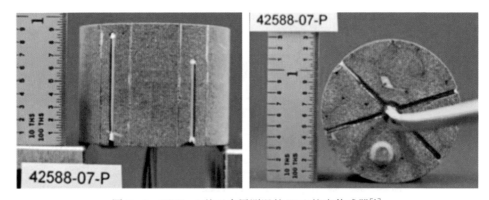

图 2-7　EFT-1 基于多层测温的 TPS 柱塞传感器[1]

　　基于热匹配的微扰动表面热壁热流测试技术在国外飞行测试试验中逐渐成为发展趋势，但仍然面临一些挑战：① 由于同轴热电偶型号有限，因此与之热匹配的模型材料往往仅限于几种飞行器金属模型材料；② 针对复合材料，由于热物性参数各向异性且随温度变化且往往无法准确已知，影响一维传热数值计算模型精度，从而导致存在一定的热流估计误差；③ 由于存在接触热阻或热电偶丝热传导影响，导致所测温度不能准确反映内部位置点所测温度；④ 面向三维传热模型的表面热壁热流测试方法目前还未见报告。

国外在飞行器飞行试验温度测试方面，主要涉及如下几个方向：① 模型表面温度测试，即主要通过表面温度测量来间接表征气动边界层转捩、湍流热以及激波干扰等关键气动热线性，为气动热环境预测以及流固耦合热计算理论方法与模型验证和改进提高可靠试验数据。为了从几何尺度和传热方面实现微干扰，基本上采用了四种测温手段。第一种方式是采用表面埋置热电偶，然后沉积一层防热涂层的方式来测量表面温度。例如，高超声速国际飞行研究与试验（HIFiRE）项目（2007～2011）、Space Shuttle、Earth‐Project Fire‐Ⅱ（1965）以及火星探路者（Mars Pathfinder，MPF）（1996）均采用了这种表面测温方式；第二种方式则采用表面内埋热敏电阻测温方式，例如美国20世纪80年代的飞行试验（Vehicle B）、MPF（1996）和伽利略（Galileo）项目；第三种方式则采用辐射计测温方法，这种方法主要用来测试防热材料/结构内表面的温度。例如，Space Shuttle、X‐38飞行试验和EXPERT飞行测试项目（图2‐8）就有这种内表面测温方式；第四种测温方式采用同轴热电偶测温方式，由于这种同轴热电偶测温表面可以与模型表面保持良好的平整性；另外，同轴热电偶具有快速的温度响应特性，因此现在国外飞行试验中逐渐成为一种重要的表面测温手段，但应用范围受同轴热电偶材料与模型材料热匹配度影响。例如，ROTEX‐T、HIFiRE‐1飞行试验项目。② 模型内部温度测试，通过测试防热材料与结构内部温度响应，为评估防热材料热响应分析与优化设计提供试验数据支撑。为了实现内部温度测试，通常采用含端面热电偶的测温柱塞（图2‐9）以及多层热电偶（图2‐10）的测温柱塞模式，所选材料与模型一致。热电偶既有沿轴向安装方式，也有沿径向安装方式。为了尽可能降低热电偶热传导损失，提高测温精确度，沿径向安装方式更为可取。例如，在SHARP‐B2、火星科学（Mars Science）、猎户座EFT‐1（2014）、Earth：MIRKA（1997）、PAET（1971）、Earth‐Project Fire‐Ⅱ（1965）和先驱者金星（Pioneer Venus）（1978）等飞行试验项目中均采用这种测温柱塞安装模式。

综上所述，在国外飞行试验项目中温度测试中，普遍采用热电偶测温方式。为了提供表面动态测温响应速度，则采用同轴热电偶测温方式，但考虑到热匹配问题，通常在金属模型表面温度测试中采用这种测试方法。在内部测温中，由于存在热阻和热电偶热响应滞后，测温精确度和同步性受到一定程度影响。

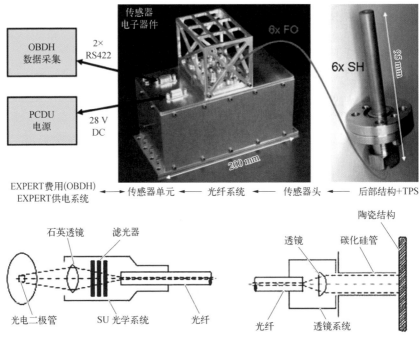

图 2-8　EXPERT PYREX 辐射测温系统[4]

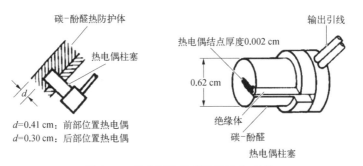

图 2-9　单点测温柱塞及安装方式[1]

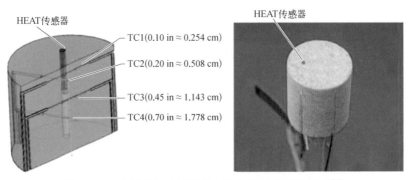

图 2-10　烧蚀率与多层温度一体化 TPS 柱塞传感器[1]

在壁面催化研究方面，日本的轨道再入试验（Orbital Re-entry EXperiment，OREX）高超声速飞行器 CFD 预测与飞行试验结果表明[5]：在飞行高度为 67.6 km、飞行速度为 6.72 km/s 条件下，依据 CFD 预测的完全非催化驻点热流是完全催化驻点热流的 50%，而飞行试验获得的材料表面驻点热流是完全催化驻点热流的 66%，如图 2 - 11 所示。美国 Space Shuttle 高超声速飞行器迎风面热流分布 CFD 预测结果与飞行试验结果表明[6-10]（图 2 - 12）：在非驻点区域，表面催化对气动热载荷的影响小于驻点区域。对于尖前缘类高超声速飞行器，上游驻点区域未来得及发生复合反应的原子进入下游非驻点区域之后，将导致下游化学非平衡流能量尺度 H_d/H_t（宏观上可以使用离解焓与总焓的比值表征）增大，致使材料表面催化特性对飞行器迎风面气动热载荷影响比大钝头体飞行器的更加严重。

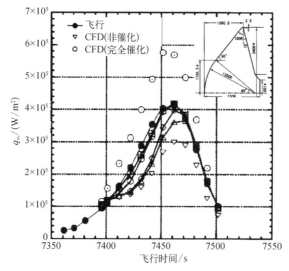

图 2 - 11　OREX 飞行器驻点热流变化历程结果比较

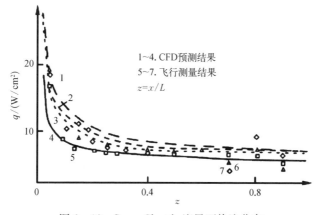

图 2 - 12　Space Shuttle 迎风面热流分布

材料表面温度的变化是催化特性对气动热载荷影响的直接体现，苏联 BOR 高超声速飞行器飞行试验结果与 CFD 预测结果表明[11-13]：在高度为72 km、速度为 6.5 km/s 大攻角飞行条件下，飞行器迎风面上的高催化特性材料（$K_w = 10^2 \sim 10^3$ m/s）表面温度是低催化特性材料（$K_w = 1 \sim 1.5$ m/s）表面温度的 80% 左右（图2-13）；在驻点区域，低催化特性材料（$K_w = 3$ m/s）的表面温度较完全催化特性材料表面温度最大差异为 10% 左右（图2-14）。

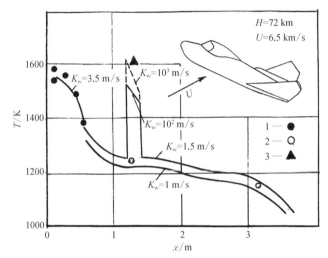

图2-13 BOR迎风面中心线上表面温度分布

1. 抗氧化涂层；2. 防热瓦；3. 铂金涂层

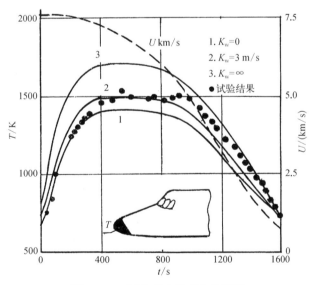

图2-14 BOR驻点温度变化历程

（三）国内发展水平

在热流测试方法，根据上述国外热流测试分类来讨论一下国内发展水平与研制能力。首先，在冷壁热流测试方面，与国外相似均采用传统的地面防热试验用的冷壁热流传感器类型，其中主要包括：① 塞式量热计、薄壁热流传感器、同轴热电偶，如图 2-15 所示的用于热流测试的同轴热电偶；② 热沉式戈登计（图 2-16）。在热壁热流传测试方面，主要包括高温热流传感器和 TPS 热流传感器两种类型。高温热流传感器以薄膜热电堆热流传感器为主，为了提高使用温度，选用一些耐高温热电偶材料、热阻层和保护膜层。例如，国内相关单位研制的高温

图 2-15　热流测试用的同轴热电偶
（中国科学院力学研究所供图）

薄膜热电堆热流传感器（图 2-16、图 2-17）。为了尽可能真实反映模型表面热壁热流，国内一些科研院校单位也在开发或研究 TPS 热流传感器。例如，基于系统辨识的热壁热流测试技术以及基于 TPS 多层温度传感器和空间温度梯度方法来获得真实模型材料表面热壁热流（图 2-18）。

圆箔式热流传感器　　　薄膜热电堆式热流传感器　　　厚膜热电堆式热流传感器

图 2-16　热流传感器
（中国航天电子技术研究院 704 研究所供图）

在飞行试验测温方面，飞行器防热材料内部、后壁以及飞行器环境温度测试常根据使用温度范围选择不同类型的热电偶测温，例如 TPS 分层温度传感器图 2-19 所示。在飞行器模型表面温度测试中，为了获得高频响微干扰表面温度数据，采用了进口/国内同轴热电偶进行测温，其中包括国内单位研制的同轴热电偶产品（图 2-15），但仅针对有限具有良好热匹配的防热金属材料；另外，

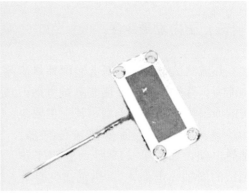

釉料

图 2-17　快速响应薄膜热电堆热流传感器

（中国电子科技集团第四十八研究所供图）

图 2-18　TPS 热流传感器

（哈尔滨工业大学供图）

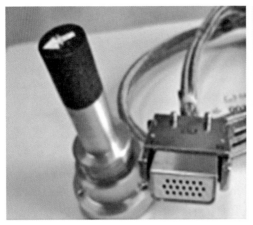

图 2-19　表面及内部分层温度 TPS 传感器

（中国航天电子技术研究院 704 研究所供图）

为了获得飞行器表面高温数据，国内一些研究单位则采用新型薄膜热电偶材料，例如基于 In_2O_3/ITO 薄膜热电偶材料的薄膜热电偶。

飞行器以高超声速在大气层内飞行或再入时，由于飞行器对周围空气剧烈压缩并与之强烈摩擦，使得飞行器表面要承受很高的温度和热载荷。这就必然要求飞行器具有可靠的热防护系统，因此需要开展飞行器的气动热环境预测以及防热材料热响应与结构设计的研究工作。目前，以激波风洞、电弧风洞与电弧加热器以及高频等离子体风洞在内的地面模拟试验是开展高超声速飞行器气动热与热防护试验研究和验证的基本手段。在试验测试方面，目前国内地面试验模型内部和后壁温度测试主要采用常规的热电偶测温；对于模型表面温度，考虑的气流冲刷影响和 1 000℃ 以上的高温测试，则采用单色/比色高温计和红外热像仪非接触测温方法。地面试验流场和校测模型热流测试基本上采用传统的冷壁热流测试方式，即要么测试时间短或水冷长时间测试。例如，短时冷壁热流测试方法包括瞬态同轴热电偶、薄膜热流计和零点量热计、塞式量热计、薄壁量热计以及热沉戈登计；长时间冷壁热流测试方法包括基于温度梯度的热流传感器、薄膜热电堆热流传感器、水冷戈登计和水卡式量热计。

另外，高超声速飞行试验也是开展高超声速空气动力学基础性、关键性问题飞行试验研究的重要试验手段。在国家有关部门的支持下和重大支撑下，国内相关科研单位相继在航天模型飞行试验体系和能力建设方面，针对重大基础性、关键性气动问题研究方面，取得了长足的发展和进步：一是在航天模型飞行试验体系和能力建设方面，相关空气动力试验与研究单位在气动专项和试验技术专项的支持下，初步建立了较为完善的航天模型飞行试验体系，初步掌握了航天模型飞行试验总体设计技术、气动力热参数测量技术，飞行试验数据处理及参数辨识技术，相继承担了 MF-1 模型飞行试验等飞行试验任务，形成了航天模型飞行试验测试能力；二是近年来从事航天领域研究的科研院校，先后开展和承担了×××工程转捩问题飞行试验研究（在研）等项目，在高超声速基础性、关键性气动问题飞行试验研究方面进行了有益的探索，积累了一定的研究经验基础。

在飞行试验温度/热流测试手段应用方面：① 地面接触式测温手段基本上都得到了应用；非接触测温手段由于受飞行环境和小型化成熟度影响，未得到有效应用；② 在测热方面，针对较低总输入热载荷飞行试验情况，包括塞式量热计、薄壁热流传感器（图 2-20 为测试结果）和热沉戈登计的冷壁热流传感器得到了有效应用；另外，在地面试验采用的水冷热流传感器类型，由于是针对飞行环境而未采用。针对高总输入热载荷飞行试验情况，对传统薄膜热电堆热流传感器进行升级，其中包括耐高温的薄膜热电偶材料的选取以及高温涂层保护等新的工艺设计；为了尽量减小热匹配问题对表面热壁热流测试的影响，最

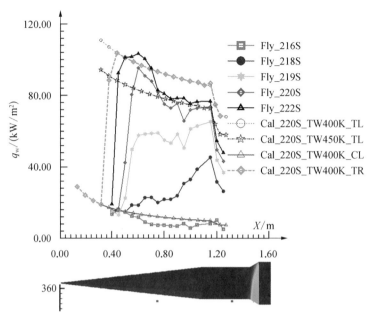

图 2 - 20   MF - 1 试验飞行器表面热流飞行试验数据辨识结果

新发展趋势是在传统基于温度梯度的热流传感器基础上，传热体选择与周围模型一致的材料。

防热材料表面催化特性试验研究在国内属于薄弱环节，目前的研究主要集中在原理性试验研究试验方法验证阶段。中国空气动力研究与发展中心超高速空气动力研究所的王国林等利用 60 kW 高频等离子体风洞气流纯净的有利条件，开展了防热材料表面催化机理和催化特性试验初步研究，并初步探讨了表面温度和原子分压对于催化复合效率 γ 的影响因素[14]。

中国空气动力研究与发展中心董维中等以平衡流动作为热环境估算的依据，提出了数值求解非平衡纳维-斯托克斯（Navier-Stokes，N - S）方程和试验测量热流值确定模型表面材料催化速率常数的方法。用 5 组元 17 个化学反应 Dunn-Kang 空气化学模型和轴对称热化学非平衡 N - S 方程，对激波管中球头和平头圆柱模型绕流流场进行了数值模拟，给出了驻点热流随催化速率常数变化的分布，并根据激波管试验测量的热流值确定了表面材料 Pt、SiO_2、Ni 和某种飞船材料的催化速率常数，建立数值分析高焓流动边界层催化特性的软件[15]。

图 2 - 21 给出了驻点热流随催化速率 K_w 变化的分布图，同时也给出了试验测量的壁面材料为 Pt、SiO_2 和某种飞船材料 X 的驻点热流值 7.99 MW/m²、4.93 MW/m²、5.27 MW/m²，用图 2 - 21 插值可得 Pt、SiO_2 和某种飞船材料 X 的催化速率分别为 12、0.7、1。该试验法的不足在于：采用激波管开展防热材料催化特性试验研究，由于激波管工作时间很短（20～30 ms），模型表面能量

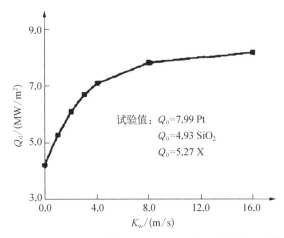

图 2-21　平头圆柱体驻点热流随催化速率常数的分布

很难达到平衡，表面温度测量比较困难。因此需要进一步提高表面温度和热流测量的精确度，通过试验测量的热流值确定了表面材料催化速率常数。

中国科学院力学研究所的林烈分析了在高温气流中材料表面催化复合反应的基本过程，在 30 kW 高频等离子体风洞上开展了高焓离解空气中材料表面催化特性的研究[16]，利用 Goulard 理论，通过工程计算确定了三种材料的催化特性。由于受到模拟化学非平衡流参数和测试方法的影响，试验获得的 Cu 表面的催化复合效率远远小于国际上公认的值（Cu 或 CuO 在表面温度为 $300 \sim 500$ K 的催化复合效率 ≈ 0.15）；同时，由于石墨材料在高焓离解空气中呈现出较强的氧化性能，使用石墨材料制作的量热计测量驻点热流时，必须考虑石墨表面的氧化对热流的影响，上述一系列因素导致研究者的试验结果存在一定的偏差（表 2-1）。但作为原理性试验研究工作，开创了国内在防热材料表面催化特性试验研究的先河，为以后的相关研究指明了方向。

表 2-1　三种材料表面催化反应速率常数试验结果表[16]

材　　料	气体介质	焓值 /(MJ/kg)	热流 /(kW/m²)	表面温度 /K	γ	K_w /(cm/s)
Cu	空气	6.64	2 410	586	0.032	534
石墨	空气	6.64	2 270	549	0.029	481
硼硅酸盐玻璃涂层	空气	6.64	1 300	852	0.015	256

（四）我国能力差距与技术瓶颈

结合国内现状对比分析可知，由于我国在航天气动热与热防护飞行测试方面起步晚，尽管温度与热流测试手段基本相同，且在仿制国外同类型的产品方面也取得一定的进展，但相关测试传感器及测试技术成熟度还有待于更进一步提高。

在飞行试验测温方面，关键技术主要集中在 3 个方面：① 如何实现长时间超高温测试，大多数类型的热电偶一般应用在低于 1 800℃ 的工作环境下，为了测试更高温度，目前仅有钨铼合金热电偶和铱铑合金热电偶，但铱铑合金热电偶在测量高温后会变得非常脆弱，因此针对动态高热载荷长时间飞行测试试验，热电偶容易断裂；另外，钨铼合金热电偶适合在惰性环境下使用，抗氧化能力差；② 飞行器表面微扰动温度测试，这里的微扰动测试不仅涉及表面几何形貌的光滑连续性，也包括对表面温度场微扰动，针对这些要求，常采用薄膜热电偶沉积或表面埋置热电偶，然后在外表面喷涂与周围模型表面一致的材料，但往往由于热电偶材料与模型材料之间存在热匹配问题，导致耐高温气流冲刷能力不足，为了提高其黏着性，减小热阻对测温的影响，采用多层过渡膜形式，但带来了制备成本的增加；③ 陶瓷、复合材料内壁精确测温缺乏手段，由于金属热电偶无法直接焊接在这类防热材料表面，因此常采用热电偶接点粘结方式，但这种黏结方式由于存在明显热阻，导致所测温度无法完全反映其表面真实温度，例如，In_2O_3/ITO 薄膜热电偶在发动机工况环境下，薄膜热电偶极易发生氧化，绝缘失效等问题，导致传感器性能退化，甚至失效，寿命较短因此，如何实现超高温环境下具有良好绝缘和抗氧化保护的膜层热电偶材料及表面微扰动安装与引线，是温度测试中的关键技术瓶颈问题。

在飞行试验热流测试方面，关键技术主要集中在如何实现表面热流微（无）扰动和高频响测试。为了实现表面微扰动热流测试，现在的发展趋势是研制 TPS 热壁热流传感器。但这种传感器采用的导热系数低的防热材料，因此温度响应速度受到影响，无法满足高频响热流测试；如果要反映边界层转捩、湍流换热以及激波干扰的高频动态热流，则需要选择一些具有特殊热电特性材料的薄膜热阻热流传感器（其中包括薄膜热阻热电堆传感器、原子层热电堆热流传感器）进行测试，但由于与周围模型存在材质差异，其热物性参数、表面热辐射特性以及表面催化特性都存在不同，因此所测高频热壁热流还是无法准确反映模型表面真实热壁热流。因此，如何解决既要测试出模型表面真实热壁热流又要反映出高温边界层动态换热过程，是目前国内外飞行试验热流测试所面临的技术瓶颈和挑战。

在催化特性测量方面，虽然防热材料表面催化特性对高超声速飞行器表面气动热载荷具有较大的影响，但这一问题在我国高超声速飞行器热防护系统的设计中并未受到重视，主要原因是：对于一次性使用的弹道式高超声速飞行器，飞行器表面的峰值热流出现在 40 km 以下的高度范围内，在上述高度范围内，飞行器周围的绕流处于化学平衡状态，因此传统防热材料表面催化特性并不影响气动热载荷。

随着以高技术为背景的新军事变革的进行，与以往再入飞行器不同，跨大气层飞行器、滑翔飞行器、跳跃式导弹、高超声速巡航导弹等新一代飞行器将在 $40\sim80$ km 高度范围内长时间飞行，飞行器周围气流处于化学非平衡，表面催化效应影响显著。由于表面催化效应完全依赖于防热材料表面物理化学结构，目前的理论分析方法和数值模拟手段无法获得复合材料体系表面催化特性，因此在高超声速飞行器气动热环境的预测中，只能采用国外的相关试验数据或人为选择的表面催化复合速率常数，导致整个计算结果只能提供热环境的包络范围，而无法确定其具体参数的局面，这对飞行器热防护系统的最优化设计带来较大的困难。

伴随着我国临近空间高超声速飞行器研发计划的发展，国内开展了服役于化学非平衡流场环境中的新型非烧蚀型防热材料体系的研制。对于该类防热材料，其表面催化特性是评价材料使用性能的关键参数之一，由于国内缺乏有效开展新型防热材料表面催化特性评估的试验技术，无法获得材料性能的准确评价数据，导致对材料性能的改进存在较大的盲目性。

（五）技术发展路线

（1）针对需要研究的不同气动热关键科学问题，有针对性地"解耦"发展有特色的热流传感器，而不是集各种性能指标于一体的热流传感器及测试技术。例如，针对热环境（例如边界层转捩、湍流热与模态研究、激波干扰）预测机理与模型研究，则侧重发展具有高频响、具有较高工作温度的热流传感器。这种传感器材料可以与模型材料不一致。另外，针对防热材料热响应机理研究，则需要发展能反映防热材料热传导、热辐射特性以及表面催化特性的真实动态热壁热流值，因此也需要发展 TPS 热流传感器与 TPS 多层温度传感器。尽管这种 TPS 传感器频响特性方面无法与面向气动热环境测试的热流传感器相比。只有根据具体试验条件和需求来选择测量方案和传感器类型才能得到比较好的测量结果。

（2）随着对飞行测试发展，针对非均匀材质的防热材料（或多层结构），具有良好热匹配基于三维传热模型的一体化温度响应与热流辨识和发展面向烧蚀防热材料表面的热流辨识技术将是主要发展方向，这无疑明显增加了传热模型的复杂性。同时为了满足飞行器表面微扰动热壁热流测试需求，由于防热材料热物性参数随温度变化以及内埋热电偶热惯性问题（时间滞后以及衰减），需要进一步发展非烧蚀防热材料热流传感器非线性热流逆估计技术。

（3）2 000℃以上应用领域，多用钨铼系热电偶。相关研究机构研究新型耐温材料的同时，也需要研究新型超高温感温材料及工程应用。并联合应用总体，研究基于"直写工艺"的多物理量一体化智能感知防热层敏感体。

（4）联合应用总体，研究传感器应用有效性评估与评价体系。在飞行试验前应在地面试验设备上进行大量热、压力、弯曲、振动、旋转平衡、遥感等测试以及计量校准和评估试验，试验鉴定和修正载荷硬件和软件的所有问题。

二、压力测试技术

（一）技术介绍

表面压力是航天飞行试验中的一个基本测试参数，一方面提供飞行器在试验中所经历的热环境数据，为气动模型研究和飞行器研制提供关键测试数据支持；另一方面可以作为基础数据，用于计算得到其他的关键飞行参数，如飞行姿态、表面摩阻等，在某些情况下压力数据还作为输入量用于控制发动机燃料/空气流量供给等。

从频率角度分类，航天飞行试验中的压力测量，包括表面的低频压力测量和高频压力测量两种。表面的低频压测量数据一方面作为飞行器飞行热环境参数，另一方面可以作为基础数据，用于计算得到其他的关键飞行参数，如飞行姿态、表面摩阻等。表面高频的压力测量数据主要是用于在特定的气动现象（如高超声速转捩、激波干扰等）研究中，测量由于高频扰动产生的高频压力脉动。

从测试位置分类，航天飞行试验的压力测量的位置包括驻点（皮托）、大面积区域（迎风面、背风面）、局部复杂结构表面（翼前缘、翼根、干扰区等）、飞行器内流壁面（发动机内部、喷管喉道等）。

从功能与作用区分，所测压力数据可以分为直接应用和间接应用，直接应用的压力数据用于提供飞行器所处的热环境，为飞行器设计、气动理论预估提供验证依据，间接应用是指利用所测的数据，获得飞行器的其他参数/信息，比如：利用飞行器头部区域的多点压力测试数据（包括驻点），获得飞行器飞行姿态、大气密度等大气数据参数；利用飞行器表面相邻两个压力孔的压差信息，获得局部摩擦阻力；利用表面高频脉动数据，分析获得表面流动的高频扰动信息，为飞行器表面发生的复杂流动现象（如高超声速边界层转捩、激波干扰等）提供珍贵的压力波扰动及演化信息。

（二）国外发展水平

1. HIFiRE 项目

1）HIFiRE-0

在 HIFiRE-0[17]中，在端头锥连接了高压力量程（约 920 kPa）和低压力量程（约 180 kPa）两个压力传感器，用于测量飞行器皮托压力。

2）HIFiRE-1

HIFiRE-1[18]是锥-柱-裙结构（图 2-22），在锥体上安装了 Medtherm 双热电偶，用于测量上下壁面温度，还装了 Medtherm 的温差热电偶、Kulite 低频带压力变送器和高频带压力变送器，Medtherm、Vatell 和 Delta-T 的热流传感器，测点分布见图 2-23。低频压力变送器为低通滤波，截断频率为 100 Hz，高频压力变送器的通过频率为 100 Hz～30 kHz。高频压力传感器以舱内压力作为参考端以减小信号的缓变项。在锥柱区域，使用了 Kulite XCE-093 传感器，采用高温胶接，在裙段采用了 Kulite XTEH-7L-190（M）传感器，采用螺纹连接。飞行中采取了非均匀测量方案，数据的时序不均匀，以及丢失使得数据的谱分析变得复杂，数据差值会引入误差，使得离散傅里叶变换不能用。文献介绍了使用 Lomb-Scargle 周期图进行非均匀间隔信号的谱分析方法。

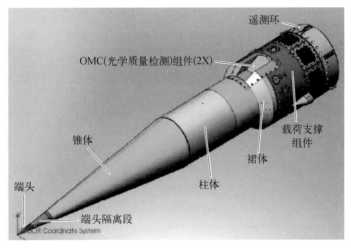

图 2-22　HIFiRE-1 试验飞行器外形

3）HIFiRE-2

HIFiRE-2[19]飞行试验的目标是获得高热焓超燃冲压发动机飞行试验数据，并研究在马赫数 8 条件下碳氢燃料超燃冲压发动机的性能以及双模燃烧与超燃模式的转换。飞行试验有效载荷仪器组包括 355 个低频压力测量装置（包括 2 个皮托压力测点，另外地面设备有 1 个）、6 个高频压力测量装置、120 个试验温度测量装置以及 256 个用于压力转换器热补偿的温度测量装置。整个仪器组共有 737 个测量装置和一个接近 5.5 Mbps 带宽的遥测装置。该试验所用仪器规模超过了之前许多超燃冲压发动机飞行试验的规模。表 2-2 给出了这些测量装置在有效载荷上的分布情况，图 2-24 显示了在隔离段和燃烧室段的仪器分布情况。

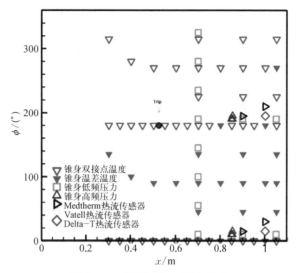

图 2-23　HIFiRE-1 测点分布

表 2-2　有效载荷上的测量装置分布情况

传感器类型	频　率	总计/个	前体/进气道	隔离段/燃烧室	喷管/中心体	燃料系统	GSE（地面设备）	外部
压力	450/930 Hz	356	75	150	78	25	1	27
ESP 温度	465 Hz	256	85	88	72	0	0	11
高频压力	10 kHz	6	0	6	0	0	0	0
温度	100 Hz	120	48	38	21	10	7	3

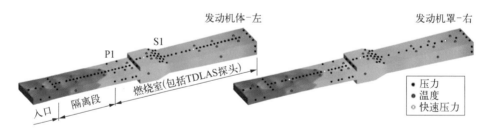

图 2-24　HIFiRE-2 隔离段/燃烧室段仪器分布

4）HIFiRE-4

HIFiRE-4[20]飞行试验的目标是收集关于先进乘波体布局空气动力学、稳定性及控制方面的飞行数据。HIFiRE-4 有两种类型的传感器：即飞行控制传感器和实验测量仪器。飞行控制传感器包括 GPS、惯性测量装置（inerital measure unit，IMU）、加速度计组件、1 个位于飞行器头部的嵌入式皮托传感器以及一个磁力计。GPS 和磁力计与航空计算机放置在一起。皮托传感器与最前面的铜前缘的背面相连接，为给皮托传感器提供测量孔，在前缘加工了 1 个直径 1 mm 的孔（图 2-25）。

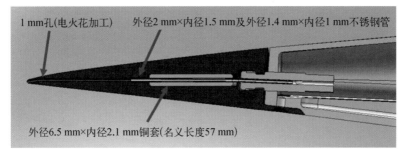

图 2 - 25　HIFiRE - 4 嵌入式皮托传感器安装

在 HIFiRE - 4 机翼上下表面、机身外部设置了 64 个压力测点（霍尼韦尔 SDX 压力传感器）和 36 个薄膜 RTD 铂温度传感器。压力传感器安装在测量仪器腔体盖板上，典型安装见图 2 - 26，温度传感器也安装在同一腔体的盖板上。

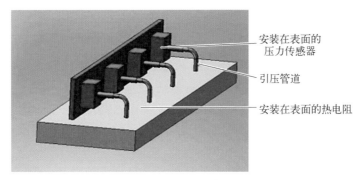

图 2 - 26　典型的压力传感器安装

5）HIFiRE - 5

HIFiRE - 5[21] 的主要测仪器包括：Medtherm 同轴热电偶；T 型热电偶安装在铝制部分，E 型热电偶安装在钢制部分；同轴热电偶与飞行器表面平齐；这些热电偶为双接点热电偶，一个接点在锥体外表面，另一个在内壁面；利用 Kulite 压力传感器测量局部静压；几个压力传感器测量相差 180°的对称点的压力差，来确定飞行器姿态；其他 Kulite 传感器以 60 kHz 的采样频率测量高频压力脉动；几个 Medtherm 20850 - 07 的 Schmidt-Boelter 计提供直接热流测量。

如图 2 - 27 所示，试验模型的 0°～90°面为主要的测量表面，包括了 0°、45°和 90°位置的热电偶阵列。另外，在 $x = 400$ mm、600 mm、800 mm 布置了密集分布的热电偶。在试验模型光滑表面的 270°～360°四分之一表面作为第二测量表面，在上面包括了 Kulite 传感器和有限数量的热电偶，来提供主要测量面的对称性检验。

利用前后表面的热电偶温度，求解一维瞬态导热方程计算得到热流。假定一维导热，利用二阶欧拉显式有限差分方法来求解飞行器壳体的温度分布，通过求解外表面温度梯度估计得到表面热流。

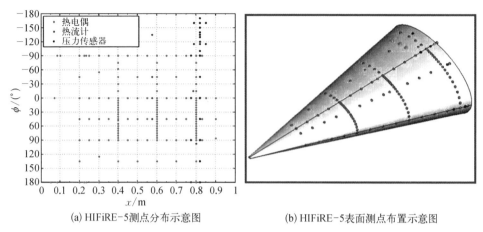

(a) HIFiRE-5测点分布示意图   (b) HIFiRE-5表面测点布置示意图

图 2-27　HIFiRE-5测点布置示意图

2. SHEFEX 项目

德国尖前缘飞行试验项目（Sharp Edged Flight Experiment，SHEFEX)[22]利用尖前缘多平面组成的新型再入飞行器结构进行材料和结构的测试，并将采集到的实际飞行数据与数值模拟和地面测试结果比较，用于调整和验证仿真工具以及地面测试结果的有效性。

1）SHEFEX-I

SHEFEX-I飞行器[22]内部安装了 60 个传感器，采用热电偶、热流传感器和压力传感器测量平板表面和铝结构框架内部的气动加热情况，对飞行中的来流作用和结构响应进行研究。这些传感器的位置是根据数值分析的数据安排的：40 个 K 型的铠装热电偶，3 个内置式 Pt100 铂热阻温度计，5 个热流传感器，1个高温计、1 个轴向加速度计、8 个压力传感器、1 个滚转力矩传感器和一个俯仰力矩传感器。8 个压力测量点的分布见图 2-28。

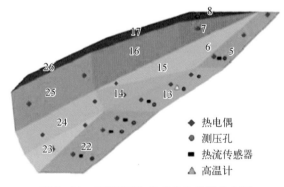

图 2-28　SHEFEX-I前体传感器分布图

2) SHEFEX-II

SHEFEX-II[23]设计了300多支传感器用于测量温度和压力。SHEFEX-II外部约有60个热电偶，桁架内部有20个温度传感器、24个压力传感器、8个热流密度传感器集成在载荷端部。1个压力传感器用于舱内压力测量，23个压力传感器与防热瓦表面的测压孔相连（图2-29），用于获得飞行器表面压力，其中8个测点用于获取飞行器大气数据。压力传感器采用不同量程的KULITE ETL-76A-190M。

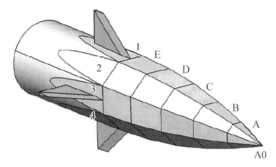

图2-29　SHEFEX-II防热瓦分布图

3. EXPERT 和 EXPRESS 项目

1) EXPERT

EXPERT[24-26]是一种专门研究高超声速空气动力学关键问题的飞行器，设计了共16种空气动力学载荷，其中与压力测试技术有关的载荷包括大气数据系统、分离流动、底部流动、尖锐热结构、皮托压力和蒙皮摩阻测量。

（1）大气数据系统

大气数据系统由HTG研制，安装在端头部位，获得自由空气流动条件下的压力和热流飞行数据，从而重建飞行器在再入过程中的攻角、侧滑角和驻点热环境。使用的Raflex集成了压力和热流测量功能，所得热流数据将与PYREX所测数据进行对比。

RAFLEX端头传感器见图2-30，作为一种量热计-压力一体测量设备，量热计利用两对热电偶测量温升（应该是塞块式量热计原理，根据温升率测量热流），周围利用铜管构成两个环形缝隙防止辐射加热，中间加工引压孔测量表面压力。各部分温度响应评估见图2-31，在350℃时为飞行的热流峰值，之后温升率变小，最后达到500℃。

FADS获取动压、热流和飞行器飞行姿态（攻角、侧滑角）数据。动压通过测量驻点压力和表面静压得到；热流利用RAFLEX中热流测量功能得到，攻角、侧滑角的变化根据驻点压力（1个）、周向（45°）（4个）压力数据、安装位置的几何数据推导得到（图2-32）；另外还可以用于自由流密度的重构。

图 2-30　RAFLEX 端头传感器

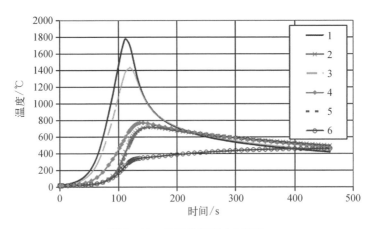

图 2-31　各部位温度响应评估

1. CMC 销表面；2. 防辐射套；3. TZM 管；4. 弹簧；5. 钢；6. 量热计

图 2-32　FADS 传感器探头剖视图及各测点布置

1. CMC 端头；2. 量热计；3. TZM 合金管；4. 钢背板；5. 弹簧；6. 防辐射套；7. CMC 销

（2）分离流动

折射襟翼前的边界层分离效应对再入飞行器控制特性具有重要影响，另外剪切层再附造成的气动加热变化会影响 TPS 设计。需要研究的关键问题包括三维效应、边角和缝隙加热和回流。EXPERT 预计装备的实验设备包括在开放襟翼前、开放襟翼上、开放襟翼下的空腔内等位置布置热电偶、热流和压力传感器、微型辐射高温计（图 2-33、图 2-34）。

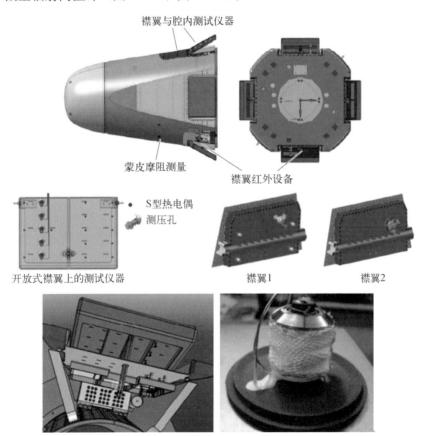

图 2-33　开放襟翼（PL6）测量

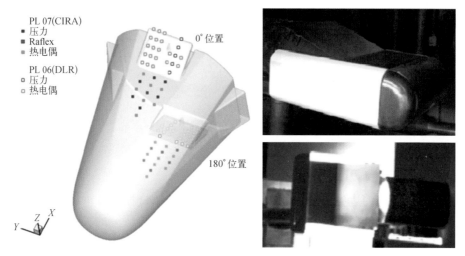

图 2-34　PL7 测点方案

EXPERT 装备了四个开放襟翼（飞行中固定不动）。DLR（科隆）负责 PL6 位置的测量试验设计，测量压力和表面温度以研究流动再附，测量墙体温度、热流和后壁温度研究壁面辐射效应。相关的物理现象包括：襟翼上的边界层转捩、高温陶瓷襟翼后表面对舱内及壁面的辐射加热、自动载荷下襟翼的变形、发射和级间分离时的动载荷、舱内材料 PM1000 与陶瓷襟翼热膨胀系数的差别。PL7 位置由意大利航空航天研究中心（Centro Italiano Ricerche Aerospaziali，CIRA）负责，沿整个弹道测量压力、热流和温度，研究襟翼上游由于激波边界层干扰（shock wave boundary layer interaction，SWBLI）诱发的流动分离。

（3）底部流动测量

局部底部压力和热流测量用于研究复杂底部再循环流场（图 2-35）。由意大利 ALTA 负责。利用压力传感器和热电偶测量底部压力和热流测量，压力精度 2%，热流精度 5%。再入过程中底部流动的预期环境为：100 km 海拔高度 0.1 Pa 压力下，气流温度 800~1 500 K，最大热流 100 kW/m^2。

（4）蒙皮摩阻测量

拟在 EXPERT 上集成滑移流动传感器（由 HTG 负责）（图 2-37），主要用于滑移和稀薄流区的表面流动诊断，也可以用于连续层流区。该滑移流动传感器设计了两个倾斜压力探头，集成在一个铜质量热计头部，通过测量量热温度（换算热流）和表面绝压及两个孔的差压，用于测量自由分子流区的滑移流动和连续流的摩擦阻力。

（5）尖锐热结构

目标在于检测超高温陶瓷热结构的热条件（图 2-37）。在尖前缘热结构表面安装表面温度和压力传感器。

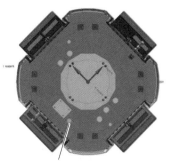

底部流动测试仪器

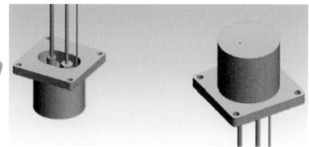

PL12设备配置(左)与传感器细节(右)

PL12组件与验证试验

图 2 - 35　底部流动测量

（6）皮托压力探针

EXPERT 准备在机翼后缘位置安装一个皮托静压排架（图 2 - 38），采集边界层特性有关的飞行数据。需要解决的关键问题包括探针的概念设计、材料选择、附着点定义以及传感器的位置与形式。对机翼后缘位置边界层特性的测量结果有助于增加对边界层转捩现象的理解。

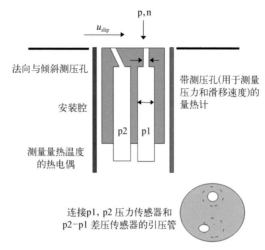

图 2-36　滑移速度/热流/压力复合测量设备

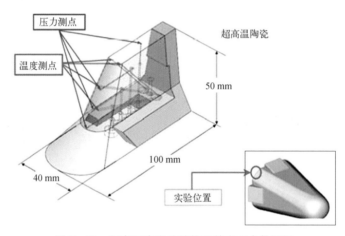

图 2-37　超高温陶瓷热结构及其表面参数测量

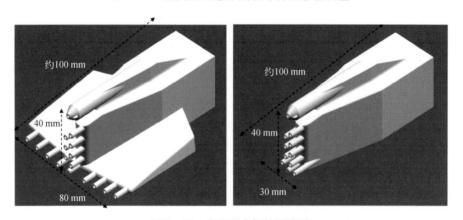

图 2-38　皮托压力探针设计图

2）EXPRESS

EXPRESS[27]发展得比 EXPERT 早，两者采用了众多相似的测试技术，有部分是 EXPRESS 独有的，图 2 - 39 所示的动压探针可以工作在稀薄和连续流区。在过渡流区探针主要响应流过探针口进入内部的分子流。与连续流区探针压力正比于 $\left(\dfrac{\rho}{2}\right)u^2$ 不同，在过渡流区其压力正比于 ρu。探针内部压力结果取决于进入和离开探针腔的分子流的平衡，分子流由从外部进入内部的跃迁概率决定，反之亦然。为了确保数值分析的明确关系，探针内部的几何形状需要认真考虑。

传感器头应能承受再入热载荷，保证隔热，确保不同部件之间的密封，能够适应端头部位各结构部件的热膨胀。为了覆盖再入过程中驻点压力的大范围变化，采用了两个量程不同的压力传感器，一个 0～100 mbar*，另一个 0～3 500 mbar。

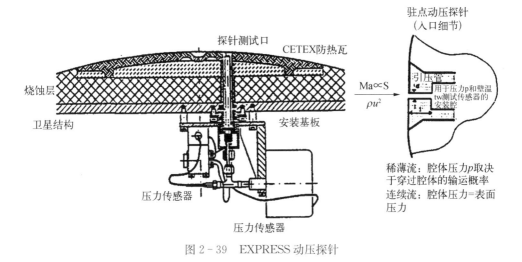

图 2 - 39　EXPRESS 动压探针

4. HyBoLT 项目

HyBoLT[28]于 2008 年 8 月 22 日发射，由于控制系统故障导致飞行器偏离设计飞行程序。20 s 后发射主管启动了火箭头锥中的自毁设备。

图 2 - 40 中，A 面用于获得高超声速边界层自然转捩数据，测试设备包括热电偶、热膜传感器、压力排架、低频和高频压力传感器。低频压力传感器的采样频率300 Hz，高频 20 kHz 或 100 kHz。B 面用于研究带粗糙元的边界层转捩问题，除了压力排架之外，在粗糙元附近区域及平板大面积区域布置大量表面温度传感器，用于测量粗糙元附近热环境和大面积区域的边界层转捩。

＊　1 bar＝10^5 Pa＝1 dN/mm^2。

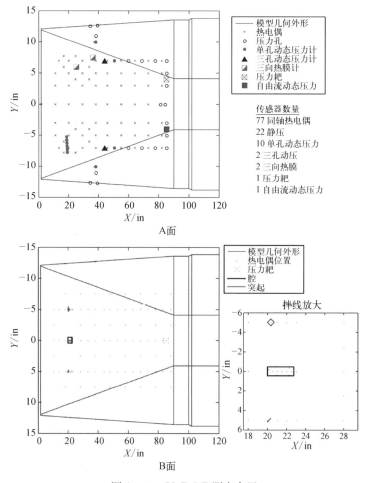

图 2-40　HyBoLT 测点布置

攻角与侧滑角：利用 A、B 面中心线上的两对压力孔获得压力差，用于辨识飞行器在飞行过程中的攻角；利用另外两对位于侧向边缘的相对压力孔，辨识飞行过程中的侧滑角。

各传感器的目标：表面热电偶获得转捩阵面移动结果；表面热膜传感器探测驻波、行波；动态压力传感器获得行波的相位角和相速度信息。低频压力传感器采样频率不高于 300 Hz，用于提供转捩位置、表面压力分布、边界层轮廓、边界层方向的时均信息。高频压力传感器采样频率为 20 kHz 或 100 kHz，用于辨识频率、波的传播速度、方向和横流不稳定性的类型，用于确定时均数据、现象的原因。

自由来流脉动及扰动测量：图 2-41 的高频压力传感器用于测量边界层外的自由流脉动，传感器后退距离 4.445 mm，包括隔热用陶瓷套。$x = 20$ in 位置，一排 6 个动态压力传感器用于测量来自前缘的扰动；另外 4 个动态压力传感器位于平板边沿，用于测量边界层压力脉动，见图 2 - 41。

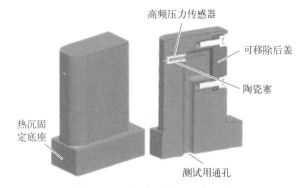

图 2 - 41　自由流脉动压力探针

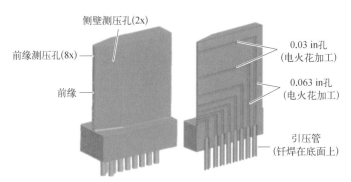

图 2 - 42　边界层压力排架（A 面）

不稳定波的波速和方向：图 2 - 43 为一个三孔压力探针，安装三个动态压力传感器，其间距小于横流涡的一个波长，位于横流区域。安装在平板的右舷和左舷，用于测量横流不稳定性的波速和方向（相速度）。

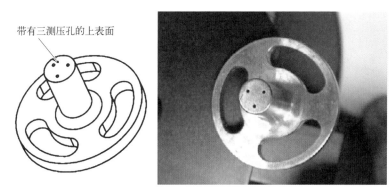

图 2 - 43　三孔压力探针

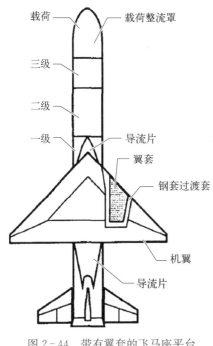

图 2-44　带有翼套的飞马座平台

5．其他项目

1）Pegasus

1998 年，美国在轨道科学公司（Orbital Sciences Corporation）的飞马座（Pegasus）机载飞行器[29]的一级三角翼上安装了光滑的钢套，示意图见图 2-44。将飞行器加速到马赫数 8，最高海拔 250 000 ft（76 km），研究高超声速横流转捩和边界层特性。如图 2-45 所示，利用热电偶和压力传感器［包括普雷斯顿（Preston）管、斯坦顿（Stanton）管和一个"无探针"压力排架来测量边界层分布］测量时均流动。利用表面热膜和高频压力传感器来测量动态流动。这是现在查到的最早进行自由来流扰动高频测试的文献，且上面采用的多种测量手段，如自由来流测试、边界层测试、高频压力测试、热膜传感器等均被 9 年后进行的 HyBoLT 试验继承。

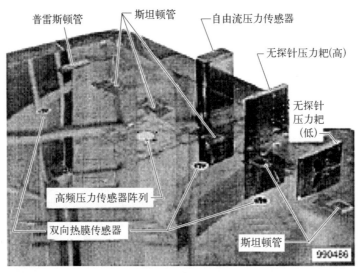

图 2-45　安装在翼套外部的测试仪器（朝向翼套后方）

2）HyShot-2

如图 2-46 所示，HyShot-2[30]中有效载荷中的仪器包括压力传感器、陶瓷

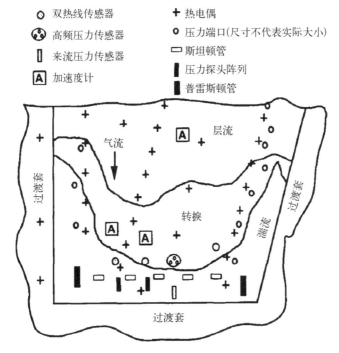

图 2-46　翼套后部的传感器分布及计算的转捩阵面

热电阻、热电偶、加速度计、磁力计和水平传感器。沿两个燃烧室的壁面共分布有 14 个压力测量点，如图 2-47 所示。沿中心线各分布着 12 个压力测量点，用于测量推力室壁面压力，距入口 103.6 mm 处开始，然后每隔 22 mm 设一个。另外，在距离两个燃烧室入口 290.6 mm、距中心线 25 mm 处各放置了测量点（PA14 用于测量供给燃料的燃烧室压力，另一个 PB14 用于测量不供给燃料的燃烧室压力）。

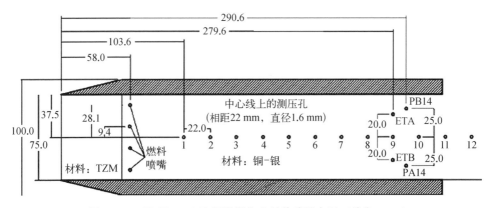

图 2-47　HyShot-2 飞行器燃烧室的传感器布局（单位：mm）

为确定再入过程中的自由流环境,在进气道上安装了一个皮托管探针,上面连接了两个量程不同的传感器,如图 2-48 所示。这两个传感器具有不同的工作范围,因此能够合作测量再入过程中的大气压力变化。灵敏度较高的传感器适用的气压最高约为 101 kPa,而另一个用于 80~350 kPa 范围的压力测量。

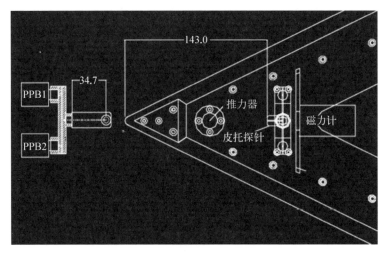

图 2-48 有效载荷的前缘皮托管探针和磁力计的位置(单位:mm)

3) ROTEX-T

ROTEX-T[19] 是由德国宇航中心在 SHEFEX 系列(Ⅰ 和 Ⅱ)的基础上发展的研究型飞行试验飞行器。飞行器的试验舱采用与 HIFiRE-1 类似的 7°圆锥和 20°裙外形,采用沿子午线剖切的方式,便于测试设备安装。传感器布置如图 2-49 所示,几乎所有的传感器通过简单的螺纹连接进行安装,只有圆柱形的 PCB 压力传感器利用高温硅橡胶粘接在安装孔内。传感器连接线缆固定在飞行器轴线附近,避免线缆靠近飞行中的热壁面而损坏。传感器 0°、90°、180°、270°的布置如图 2-50~图 2-53 所示。

飞行器包含两个试验单元,第一个单元包含用于 PCB 和 Kulite 压力传感器及同轴热电偶的高速数据采集系统,第二个单元包括低速数采(20 Hz)和中速(1 kHz)数采以及光纤数据采集系统,使用了共 17 个绝压传感器和 8 个 PCB 压力传感器(压电式)。表面压力测量采用了 Kulite XTE-190M 绝压传感器,量程 1.7 bar,用于 20°裙面上的一个压力传感器量程为 3.5 bar。7°锥上的压力传感器与飞行器表面平齐,20°裙上的传感器因为预计要超温,将其安装在隔热结构上,利用不锈钢管与一个独立的不锈钢压力孔相连,不锈钢压力孔与裙面平齐安装。绝压传感器的采样频率各不相同。第一次用于高超声速飞行试验测量的 PCB 高频压力传感器的采样频率为 2 MHz,所有 PCB 压力传感器与表面平齐安装。

图 2-49　ROTEX-T 舱内传感器布置

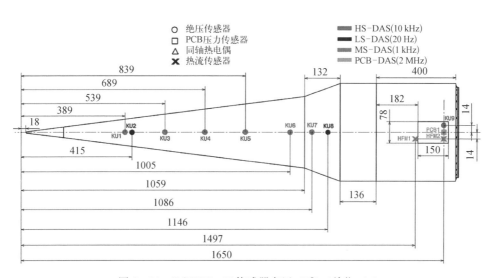

图 2-50　ROTEX-T 传感器布置（0°）（单位：in）

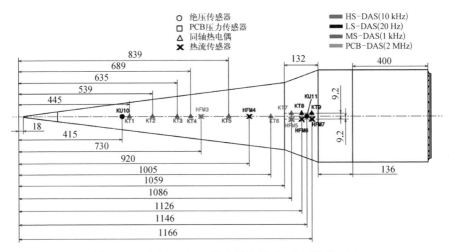

图 2-51 ROTEX-T 传感器布置（90°）（单位：in）

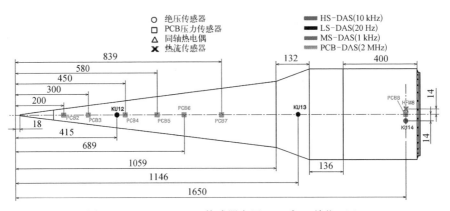

图 2-52 ROTEX-T 传感器布置（180°）（单位：in）

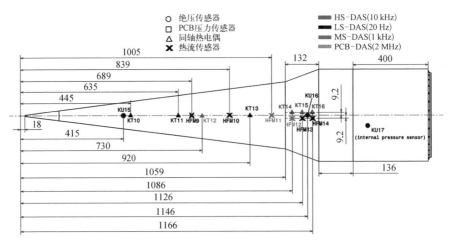

图 2-53 ROTEX-T 传感器布置（270°）（单位：in）

4）NASA 桑迪亚国家实验室

NASA 桑迪亚（Sandia）国家实验室从 20 世纪 60 年代后期开始参与高超声速飞行试验，开展了超过 100 次飞行试验的测试，既有弹道式也有机动飞行器，带有各种不同的弹头和防热材料[31]。在高超声速转捩方面，采用温度、热流和压力传感器检测转捩发生的时间和位置，利用声学传感器检测转捩发生时的压力脉动。压力传感器安装在飞行器底面流动分离区，通过提供底部压力数据，协助对分析和计算预测方法进行评估。图 2-54 给出了底部压力数据，尽管在图中给出了转捩的时刻，但是只从压力数据中不足以判断出转捩的发生，也展示了单独利用底部测试数据判断转捩是困难的。图 2-55 给出了声学传感器所得的转捩所造成的噪声水平陡升。

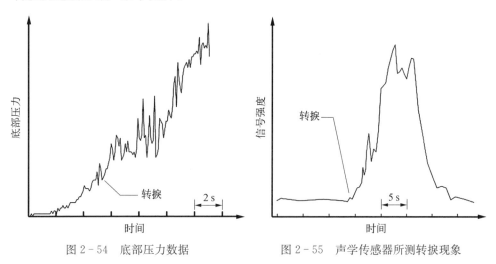

图 2-54　底部压力数据　　　　图 2-55　声学传感器所测转捩现象

（三）国内发展水平

国内航天再入飞行试验中，与国外飞行试验相近，采用压力传感器/压力扫描阀对飞行器的表面压力进行测试。根据飞行试验的具体目标，对驻点压力、低频表面压力、高频表面压力进行测试。由于国内保密的要求，国内航天飞行试验公开的文献较少。基本情况是，国内的压力传感器配套厂商研制生产的压力传感器，往往是跟踪国外著名品牌压力传感器的发展，如 Kulite、PCB 等，其技术指标与国外同类产品相比，在常规测试领域基本相当，但某些技术指标存在明显差距。在某些对可靠性和使用环境要求高的领域，国内配套产品往往难以满足技术指标要求，对国外产品的依赖比较明显。

在常规压力的低频测试领域，国内外基本相当，比如北京遥测技术研究所、中国电子科技集团公司第四十九研究所、南京高华、上海慧石等单位生产的压力传感器，在航天、航空、航海、发动机等领域得到了较为广泛的应用，其技术指标与国外同型产品接近。

在高精度压力传感器方面：Paroscientific 公司的高精度压力传感器，工作温度 85℃，精度 ±0.01%FS（FS 即满量程，full scale），19 年长期稳定性 ±0.01%FS；对标国外，国内相应产品工作温度相当，精度 ±0.02%FS，5 年长期稳定性 ±0.01%FS。

（四）我国能力差距与技术瓶颈

耐高温高频压力传感器方面，国内已经具备基于 SiC、光纤、绝缘体上硅（silicon on insulator，SOI）等的压力传感器产品，耐温能力从 260℃ 到超过 1 100℃ 的耐高温压力传感器，但是高频响测试能力明显不足。

国内多家单位以 Kulite 成型产品的高温、高频技术指标作为耐高温压阻传感器的技术攻关目标，目前主要受制于 Kulite 公司独有的（专利技术）无引线封装技术和高频动态压力测试元件的设计与制备水平。对于航天飞行条件下的高频压力测试，压力的量程往往不高，国外飞行试验往往应用 200 kPa 或者 100 kPa 左右量程的传感器。在量程较小的前提下，实现高频响应测试，需要高频感应元件在小尺寸的同时厚度够薄，才能保证足够的灵敏度，这对感应元件的制备和封装提出了极高的要求。国内有的传感器产品在实现 170 kHz 以上谐振频率的同时，可以应用于 −55～260℃，与 Kulite 类似产品相比，频响能力相当，但耐温能力明显存在差距（Kulite 产品达到 400℃ 以上能力）。有的国内传感器产品在达到超过 600℃ 耐温能力（超过了国外商用传感器的耐温水平）的同时，频响能力有所不足。同时满足耐高温和高频响的传感器设计与制备是目前国内压力传感器研制的一个明显短板。

在光纤传感器的制备方面，国内的光纤压力传感器的元件耐温能力与国外基本相当，但受制于高光学质量深腔制备和信号的高频解调能力，目前的高频测试能力有明显差距。

基于压电式原理的压力传感器，与 PCB 类似产品相比，固有频率具有明显差距，主要受制于传感器封装和环境寄生效应的抑制能力。

在航天飞行试验中有比较明显的需求，但国内产品有明显差距的技术领域主要包括以下几个。

（1）现在国内生产的高频压力传感器的频响、耐高温特性与国外同型产品相比有明显差距，如 Kulite 的 XTEH-7L-190M 系列压力传感器，在耐 400℃ 的同时，实现了几百 kHz 的压力频响测试，目前国内单位无法实现，国内有的产品频响接近，但耐温不超过 300℃，有的产品耐温达到了 600℃，但目前只能用于几十 Hz 的低频测试。PCB 生产的压电式高频压力传感器，132 和 134 系列产品的频响，说明书给出的频响指标达到了 MHz（实际标定在 500 kHz 左右），目前国内无类似指标产品。国内生产的高频动态压力传感器目前的固有频率仅达到 300 kHz 左右，存在明显的差距。

（2）在微小压力测试方面：美国 MKS 公司微压力传感器精度达到 0.5%FS，最小量程 0～133 Pa。国内目前的电容式压力传感器量程（绝压）：0～1 kPa 和 0～10 kPa；工作温度：−40～60℃；介质温度：150℃；全温精度：≤1.8%FS；过载压力：3 atm*。如表 2-3 所示，对标国外产品，工作温度和抗过载能力相当，精度与最小量程尚有差距。

（3）在光纤压力传感器方面：国内外的技术指标对比，两者在耐温技术指标方面差距较小，但解调速度的差距明显。

表 2-3　国内外光纤压力传感器指标对比

参　　数	国　　外	国　　内
工作温度	800～1 200℃	800～1 100℃
信号传输方式	石英/蓝宝石光纤	石英光纤
芯片制备	机加＋少量 MEMS	全 MEMS
传感器体积	ϕ12 mm	ϕ6 mm
解调速度	1 MHz	10 kHz
性能验证	风洞、发动机	暂无

（4）在无线传感技术方面，美国 Environetix 公司高温无源无线温度传感器，工作温度 20～950℃，长期稳定工作 150 h。国内的温压复合无线传感器样机测温范围：−40～300℃；测压范围：0～2 MPa；超高温温度样机测温范围：0～850℃。在耐温指标、精度和稳定性指标方面尚存在明显差距。

（五）技术发展路线

（1）提高压力传感器测试技术指标，提高传感器的小型化、耐高温、高频响、高灵敏度测试水平；

（2）发展特殊环境（如脉冲试验环境、高温试验环境、飞行试验环境）下的压力测试技术；

（3）加强碳化硅、石墨烯、光纤等新材料、新工艺在压力传感器研制中的应用

＊　1 atm＝1. 013 25×10^5 Pa。

研究，发展基于新测试理论的压力传感器，提升压力传感器的性能指标和可靠性；

（4）发展压力传感器动态标校和修正技术，发展高温环境下的定量动态标校技术，研究基于压力测量系统频响特性分析的数据修正处理技术，提升高温、高频压力数据的测试能力；

（5）发展微小压力信号测试技术，研究高灵敏度测试原理和器件，研究高信噪比信号变换与处理技术，提升微压条件下的测试准确性和可靠性。

三、嵌入式大气数据测试技术

（一）技术介绍

嵌入式大气数据传感系统（flush air data system，FADS）通过实时解算飞行器表面的空气压力分布数据来预测飞行过程中的来流马赫数、攻角、侧滑角、动压、静压、真空速、大气密度和气压高度等飞行大气参数，预测数据的精度直接关系到飞行器的飞行性能和制导精度，是飞行控制研究的重要课题[32]。FADS系统最终测量飞行器的迎角、侧滑角、来流静压、动压、马赫数、真空速、大气密度和气压高度等。完整的大气数据状态可以用马赫数、迎角、侧滑角、静压及真空速五个参数来描述。其中，迎角、侧滑角、动压和静压是最基本的大气参数，通过这些参数，依靠大气计算机可求出其他重要参数，其原理模型如图2-56所示。FADS系统采用嵌入在飞行器前端或机翼不同位置处的压力传感器阵列来测量飞行器表面的压力分布，通过模数转换将测得的压力数据传传输到大气计算机，通过特定的算法推算大气数据，再将其传送给飞行器的控制系统。

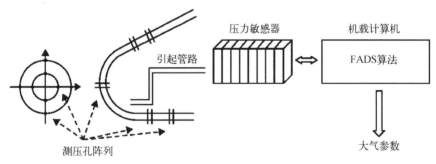

图 2-56　FADS 系统的原理示意图[33]

高精度的大气数据测量技术是实现高超声速飞行器精确稳定控制的前提条件，亦是吸气式冲压发动机稳定工作的重要保证。与此同时，准确的大气数据是高超声速飞行试验鉴定与评估的重要数据。高超声速飞行器具有气动与控制高度耦合的特性，特别是对于以吸气式超燃冲压发动机技术为动力的高超声速飞行器而言，存在发动机与机体之间高度耦合、飞行姿态与发动机工作性能之间高度耦合等现象，使得高超声速飞行器对控制系统要求更高。而高精度大气数据则是实现高超声速飞行器精确、稳定控制的重要保证[33]。最初的大气数据测量通过探针式大气数据测量系统来实现，其测量依赖外露的空速管，并与角度传感器组合进行大气数据的测量。对于传统 ADS 系统而言，当飞行器处于高超声速或大攻角飞行状态时，飞行器头部周围气流将受到黏性耗散效应和激波强烈压缩而产生高温环境，致使 ADS 系统面临被烧蚀的风险。此外，ADS 系统中外露的传感器亦会增加雷达反射面积，降低飞行器的隐身性能和生存能力。与周围大气相互作用形成的激波干扰影响到飞行器的气动性能；并且大迎角下还会引起飞行器头部涡流及侧向不稳定。同时，空天飞行器在高超声速段的控制系统要求对攻角、侧滑角精确测量。因此，空天飞行器对大气传感系统不仅有高速、大空域的基本测量需求，而且还有不影响气动外形、耐高温恶劣环境和高精度测量的特殊需求[34]。同时，大气数据的精确测量对飞行器的飞行控制、导航及飞行后的评估至关重要。因此传统大气数据测量系统难以满足新一代高性能飞行器的任务需求，特别是难以满足高超声速飞行和大攻角高机动飞行任务的需求，必须对新的大气数据测量方法进行探索。惯性导航系统安装在飞行器内部并受到性能的限制，不能反映飞行来流大气的变化以及各海拔风速的干扰，也就无法获得真实来流条件下的飞行姿态[35]。

FADS 系统通过嵌入式的测量方式获得大气参数，具有测量精度高、研制成本低、设备维护相对简单等优点，可避免了 ADS 引发的一系列问题，是一个高鲁棒性的大气数据系统，非常适用于高超声速飞行器和再入飞行使用。因此，FADS 的技术优势使得其成为未来高超声速飞行器大气参数测量的必然选择。

图 2 - 57 为已应用于飞行器上的 FADS 系统的工作流程图[34]。FADS 系统主要由嵌入安装取气装置、引气管路、压力传感器、总温传感器、信号处理单元、数据预处理单元、软件算法及相关连接器、数据电缆等组成。系统在工作时，绕特定气动外形流动的气流，被嵌入安装的微小取气装置探测，并通过引气管路将各路压力信号传给高精度压力传感器，实现对不同位置的压力测量，最后通过特定算法解算出大气参数。同时，系统可设计总温传感器、辅助修正单元等，用于测量大气总温，动态角度，进行非标大气模型下的高程修正、角度修正补偿等。

FADS 源于 NASA 于 20 世纪 60 年代在德莱顿（Dryden）研究中心开始研究的一种飞行数据测试传感系统。20 世纪 80 年代，NASA 兰利（Langley）研究中心开展了 FADS 在航天飞机上的应用研究，为哥伦比亚航天飞机研制了航天飞机嵌入式大气数据系统（Shuttle Entry Air Data System，SEADS），并在哥伦比亚航天飞机的 STS 61 - C 任务中完成了首次飞行测试。20 世纪 80 年代末期到 90 年代，为解决大攻角飞行时的大气数据获取问题，美国将 FADS 应用于

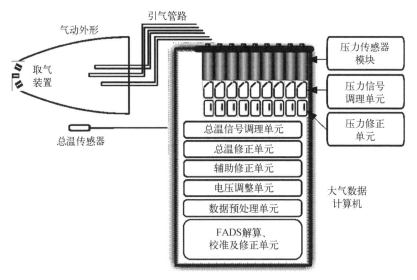

图 2-57 FADS 系统的工作流程图[34]

F-14、F/A-18 等高性能战斗机，通过 F/A-18 大攻角试验机实时飞行环境条件下的飞行测试（图 2-58），验证了 FADS 可适应攻角 60°以上的测量以及其估算算法的实时解算能力。20 世纪 90 年代后期，FADS 开始应用于 X-33、X-38 和 X-43 等高超声速试验飞行器计划。虽然 X-33 项目被迫终止了，但为 FADS 在高超声速飞行器上的应用积累了大量经验，而 X-43A 高超声速飞行器试飞成功，证明了 FADS 不仅适应于钝头体飞行器，也适用于具有锐利扁平头部的高超声速飞行器。近年来，通过 X-37B 的 3 次成功飞行，证明了高超声速飞行器嵌入式大气获取技术在国外已基本成熟[36]。

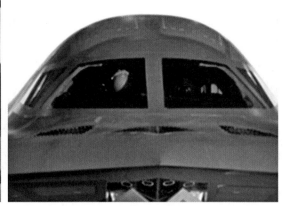

(a) F-18 SRA计划
(b) B-2

图 2-58 飞行器上的 FADS 系统[32]

测压点布局是 FADS 系统设计中的重要环节之一，根据 FADS 系统基本工作原理，测压点的位置和数量将影响 FADS 系统的测量精度、动态特性、稳定性和可靠性；空天飞行器在大气层内以高超声速飞行时，表面的气体温度较高，需通过一定长度的气路将表面压力传输给舱内的压力传感器，同时管路的直径和长度将导致管路内压力波在传播过程中相位滞后和幅值误差，在设计引气管路时都应考虑；压力传感器是 FADS 系统的核心器件，压力传感器的工作温度、测量范围和测量精度直接影响到 FADS 系统的各项性能指标。为提高系统精度，FADS 系统需采用高精度压力传感器；大气数据计算机中主要包含压力传感器、压力信号调理单元、压力信号修正单元、电压调整单元、数据预处理单元和 FADS 解算、校准及修正单元等；FADS 系统算法主要指的是解算、校准及修正算法，国外对最小二乘法、三点法、神经网络求解法、直接拟合法以及卡尔曼滤波法等 FADS 算法开展了大量研究，表 2-4 为 FADS 算法的特点及应用情况对比[33]。根据各种算法的优缺点，可从系统精度、实时性、鲁棒性、收敛性等方面进行综合选择，同时还应考虑各种数据预处理、故障检测、误差修正等保障算法[34]。

表 2-4　FADS 算法特点及应用情况对比表[38]

类　型	测压孔布局的影响	实时性	稳定性	抗干扰性	发展程度	应　用　精　度
加权最小二乘法	最小	较差	差	强	成熟	F-18 HARV：攻角：±0.5°；侧滑角：±0.5°；马赫数：±4%
三点法	较大	较差	好	较强	成熟	X-33：攻角：±0.5°；侧滑角：±0.5°；马赫数：±5%；高度：±60.96 m；动压：±718 Pa
神经网络法	较小	较好	好	较强	发展方向	F/A-18B SRA：攻角：±0.4°；侧滑角：±0.4°；马赫数：±2%；静压：±813 Pa；动压：±574 Pa
数字滤波法	较小	较好	—	较强	不成熟	HYFLEX：攻角：±0.5°；侧滑角：±0.5°；动压：±6%
压力系数法	较小	较好	—	—	不成熟	X-43A：攻角：±0.5°；动压：±5%

FADS 系统由于其优良的性能和广阔的适用范围，所以备受各国航空航天领域工程技术人员的关注并在以下几个方面进行深入的研究。FADS 系统的主要技术包括以下几种。[37-41]

1. 实时运算技术

FADS 系统的空气动力学模型表征了所测量的当地压力数据与大气数据之间

的映射关系,其建立及求解是大气数据实时预估技术的关键所在。空气动力模型必须能够准确描述当地压力数据与大气数据的关系,且在全飞行包线内不存在多解问题,求解算法的选择需要考虑收敛性、解算精度及实时反馈能力。如何根据测压孔数量及位置,合理设计计算方法或选择多种组合方法,对 FADS 系统的测量精度及实时性起着重要作用。对于钝前体飞行器,FADS 系统的压力模型是把势流模型(适用于亚声速条件)与修正的牛顿流模型(适用于超声速条件),通过形压系数结合起来。形压系数综合考虑了气动外形及其他系统因素等影响,可以将其看作是马赫数、攻角及侧滑角的函数,飞行前可以通过风洞试验或计算流体力学计算得到。三点法是大气参数求解比较典型的求解方法。由于压力传感器数量较多,而故障的压力测量信息进入到运算法则将会引起运算发散甚至造成整个系统失效,因此三点法在 X-33 项目中,因为发散问题而未被采用,因此一个实时的容错算法对系统起到关键作用。对于锥形头部和复杂几何体,建立空气动力学模型往往非常困难,因而研究者开发了代理模型来建立压力分布与大气数据的关系,如基于 BP 神经网络的 FADS 算法,实现了压力与大气参数的映射关系,计算无需迭代和修止,具有较高的精度、鲁棒性强和计算速度快等特点,不足之处是需要大量数据对网格进行训练,算法准备时间长。该算法采用全部的 F-18 飞行包络数据进行训练,使其适用于包括亚声速和超声速各个阶段,不存在运算发散问题,而且即使某个输入信号丢失或超差,也不会引起整个系统性能的明显下降,仿真结果表明该算法优于传统的数学解法。

2. 测压孔位置及数量优化技术

测压孔布局是 FADS 系统设计中的重要环节。如何在满足测量精度、可靠性条件下,合理选择测压孔分布及数量是 FADS 设计的关键问题。测压孔布局会影响大气数据的解算精度,若布局不合理会导致算法发散或产生多解问题,一般选择在压力和温度比较稳定的区域,所测压力受外界干扰尽可能小,同时能最大限度地感受来流变化(测压点所感受的压力对迎角和侧滑角比较敏感)。NASA 进行的大部分试验将 FADS 安装在飞机头部,为了避免 FADS 对飞机头部其他电子设备的干扰,将 FADS 安装在机翼处的可行性进行研究,发现 FADS 的计算方法与安装在飞机头部类似,只是受机翼形状的影响而略作改动,风洞试验取得的精度也与安装在飞机头部的测量精度相当。该试验为把 FADS 移装在飞机机翼处进行了有益研究,但由于飞机机翼形状各异,所以对于不同形状的机翼必须单独设计并进行试验,这对 FADS 的通用化不利。另外,一些研究资料指出,当测压孔数量增加时,测量精度会上升,但当测压孔数量超过 9 个时,测量精度便没有多大变化,而由于测压孔数量增加将会增大计算负担并增加对其他设备的影响,因此合理选择数量便成为一个值得研究的问题。

3. CFD仿真技术

由于试验成本和条件的限制，对FADS系统性能的研究很难全部采用风洞试验或飞行试验验证，CFD软件为FADS技术研究提供了新的试验手段。如日本国家航空宇航试验室与空间发展机构在极超声速飞行试验项目中采用CFD软件辅助进行设计，并取得良好的试验效果。CFD软件为FADS技术的研究提供了一个廉价快速获取试验数据的手段，它适用飞行条件范围广，缩短了试验和研制周期，而且仿真数据与试验吻合度好，因此备受各国工程技术人员的关注。

4. 数据融合技术

FADS系统的压力测量由于是通过气动传输管与外界相连的，因此压力的获取存在一定气动延时，另外FADS运算过程受运算法则和大气数据计算机性能的限制也将花费一定时间，所以通过FADS获取的大气参数延时比较明显。而通过惯性导航系统（inertial navigation system，INS）获取迎角、侧滑角等大气参数不存在延时问题，但从INS推导的迎角很难将阵风、大气扰动等的影响考虑进去，所以单纯从INS推导迎角也十分困难。FADS与INS数据获取特点的互补性，为FADS/INS组合进行高精度的大气参数的获取提供了前提。如何利用INS以及GPS信息进行数据融合，提高各自的测量精度也成为一个值得深入研究的问题。FADS/INS组合算法流程如图2-59所示。通过地面CFD数值计算或者试验数据建立FADS求解算法，将传感器测量压力转换成飞行器来流大气数据，最后通过与惯性测量系统的测量数据进行校验、融合获得最终的结果。

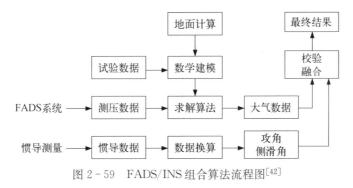

图2-59　FADS/INS组合算法流程图[42]

5. 高精度压力传感器

压力传感器是FADS系统的核心部件，压力传感器的工作温度、测量范围和测量精度直接影响到FADS系统各项性能指标。高精度压力传感器与高性能大气数据计算机对FADS系统性能起着至关重要的作用，传感器的测量精度以及模数转换字长都对 FADS 计算精度起着直接影响。硅压阻式压力传感器是目前最成熟、应用最广泛的一类压力传感器，它灵敏度高、体积小、重复性好、过载能力强、频响宽。国外型号上的 FADS 系统多数都采用硅压阻式压力传感器，例如由霍尼韦尔公司生产的高性能压力传感器在全范围内测量精度为 $\pm0.01\%$ FS，测量范围为 $(1.03\sim27.56)\times10^4$ Pa，输出信号为 20 位数字信号）。该压力传感器还具有两个通信速率，分别为 9 600 波特率和 375 000 波特率，在高速通信条件下，检测单个传感器需要时间仅为 0.35 ms，检测所有 11 个压力传感器需要 4 ms，这就为 FADS 运算法则提供了足够的运算时间。

大气数据计算机中主要包含压力传感器、压力信号调理单元、压力信号修正单元、总温信号调理单元、总温信号处理单元、电压调整单元、数据预处理单元和 FADS 解算、校准及修正单元等。大气数据计算机将完成压力及总温传感器的信号调理、A/D 转换和温度补偿修正，并将其传输到预处理和 FADS 解算、校准及修正单元进行数据的解算处理，最后通过通信单元将解算结果输出。目前，大气数据计算机已小型化，在国内发展已经相当成熟。

6. 校正算法

FADS 系统测出的是飞行器表面的压力，求解算法得到的也是测压孔位置处的当地迎角和当地侧滑角，由于飞行器头部的气流流动受机体诱导的上洗和侧洗的影响，当地迎角、当地侧滑角、与来流真实迎角、来流真实侧滑角之间存在偏差。其修正量的求解，即 FADS 系统的校正过程，对于采用压力表达式气动模型的 FADS 系统，还需对形压函数 ε 进行校正。校正所需的真值数据来源除风洞试验、飞行试验及 CFD 计算结果外，还包括雷达跟踪及气象资料分析。

（二）国外发展水平

FADS 系统研究始于 20 世纪 60 年代，美国为解决 X-15 高超声速飞行环境下大气数据测量问题，研制了最初的 FADS 系统样机[43]。其最基本的思想是通过压力分布推算得到大气参数，由于 FADS 气动模型能够捕捉到流场的特征，因此可以利用气动模型将压力分布与大气状态联系起来，从而实现大气参数的测量。经过半个世纪的发展，FADS 系统的高精度压力传感器、大气参数解算算法、误差修正算法、故障检测与冗余管理等技术逐渐成熟，并进行了多次风洞和飞行试验的验证。目前，FADS 系统已成功应用于从亚声速到高超声速的各类高性能飞行器上，如美国的 F-18、X-31、X-33、X-34、X-38、X-43A 以及日本的 HYFLEX 飞行器。另外，德国 SHEFEX-Ⅱ高超声速飞行器也准备采用 FADS 系统，意大利、法国、印度等国对 FADS 技术的算法方面也展开了相关研究。国外针对 FADS 技术的研究已经比较成熟，然而国内在这个领域内的研究起步较晚，部分科研院所及高校对 FADS 系统的原理、结构布局、算法、故障检测等进行了相应的研究，目前针对完整意义上的 FADS 技术发展到工程应用阶段还比较初步。

1. 相关测试技术在地面试验中的应用情况

风洞试验的作用主要体现在两方面：一是对空气气动模型的校准；二是建立数据库，构建压力分布到大气参数的映射模型。建立在势流理论及修正牛顿流理论基础上的 FADS 系统的气动模型，尽管已经比较成熟，但仍需要进行风洞实验校准工作。飞行器机头表面的气流会受到机体诱导的上洗和侧洗的影响，改变了机头表面测压孔处气流的流向角。因此，通过模型得到的当地飞行数据，需要进行校正才能得到真实的大气数据。这就需要大批量的风洞实验校准，也就是说，FADS 系统真正用于实际飞行之前，需进行风洞实验校准。对于非钝头布局（锥形布局，非规则布局等），FADS 系统的空气动力学模型需通过风洞试验或飞行试验确定[44]。

1）X-43A 飞行器风洞试验[45]

风洞试验方案包括测压孔位置选取的验证、气动管路的设计验证、攻角实时解算方法的验证，以及测压传感器等硬件安装配置验证等。应用于具有尖楔前体飞行器 X-43A 中的 FADS 系统的风洞试验，对惯导提供的攻角的偏差量进行修正，验证了 FADS 系统理论模型预测静压及动压的准确性，试验结果与理论预测值符合得很好，证实了 FADS 系统理论模型的准确性与可靠性。通过校准曲线建立的数据库将差压转换为攻角，在攻角小于 $6°$ 时，利用边界层转捩带前端的测压孔得到的攻角绝对误差小于 $0.2°$，整个测试攻角范围内绝对误差小于 $0.5°$。基于动态风洞试验的结果，对气动延迟效应进行了分析。结果表明，针对尖楔前体设计的 FADS 系统可以准确地得到攻角，满足飞行器的实时控制需求及飞行后的数据分析。

2）为 SpaceX "龙" 返回舱开发的 FADS 系统[46]

为了给 SpaceX "龙" 返回舱提供重要的飞行信息，开发了九孔 FADS 系统。FADS 由与飞船隔热罩平齐安装的压力口阵列组成，用于估计攻角、侧滑角、静压和马赫数。风洞试验在美国空军学院完成，以开发优化的 FADS 装置。FADS 的准确性受数据解算方法和测压孔配置影响很大。研究人员评估了两种不同的数据解算技术：三点法和最小二乘法。详细分析了两种不同的测压孔口布局：十字形和环形配置（图 2-60）。其中，最小二乘法提供的结果较好，十字形配置优于环形配置。对于环形配置，增大环形半径可最大限度地提高 FADS 精度。最终建议使用最小二乘算法的九孔十字形模式作为 FADS 评估的最佳配置。在马赫数 0.35 和迎角、侧滑角高达 $20°$ 的条件下，优化的 FADS 系统测量迎角的平均误差为 0.24°，侧滑角为 0.28°，马赫数为 0.001 1，静压为 0.005 7 psi，这为飞行器提供了出色的精度，并且超过了 NASA 火星科学实验室的精度目标。"龙"返回舱 FADS 风洞试验照片见图 2-61。作为项目的一部分，还开发了合适的 FADS 校准曲线，为"龙"2 号飞行器首飞奠定了基础。进一步的工作包括改变 FADS 配置中使用的端口数，分析非环形和非十字形测压孔配置的准确性以及进一步改进算法，以进一步提高系统精度。

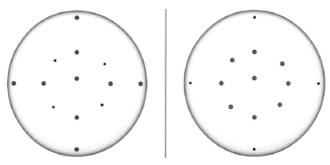

图 2-60 "龙"返回舱 FADS 测点布局示意图[46]

图 2-61 "龙"返回舱 FADS 风洞试验[46]

3）美国宇航局猎户号返回舱 FADS 系统的可行性确定与开发[47]

2011 年 12 月，美国宇航局约翰逊航天中心航空科学和 CFD 分部被指派研究空军航空学院航空系的相关工作，以确定实施 FADS 系统的可行性，该系统将为飞行器提供大气数据参数。系统建议采用飞船隔热罩上 9 个测压孔的布局方式。FADS 系统方案过去已在多个飞机鼻锥上实施过。然而，由于飞船隔热板曲率半径较大，测压孔阵列偏离对称中线、极端飞行方向、不规则非对称的热防护罩几何尺寸，给 FADS 在猎户座返回舱的应用带来了极大的可行性挑战。基于测压孔的差压，开发了算法逻辑来预测攻角、侧滑角、马赫数和静压。该系统的开发包括创建适当的算法和缩比风洞试验，进行了大约 100 h 的风洞测试。

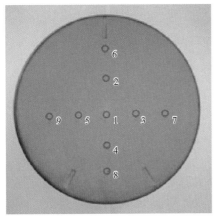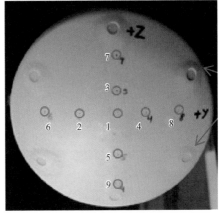

图 2-62　PTV-2（左）和 EFT-1 返回舱模型 9 点测压孔阵列[47]

　　最初，根据 CFD 和风洞结果，实施了校准程序，对第二代猎户号降落伞试验飞行器（PTV-2）的四个实验性 FADS 校正参数进行了描述，CFD 数据和飞行测试数据用于支持 FADS 系统实施的可行性，使总校准和评估数据点达到 4 750 多个，测压孔阵列如图 2-62 所示。这些校准参数被集成于一个解算方法，并用于飞行后的数据分析，以确定最终计算大气数据状态所需的四个校准参数，以解算实际 NASA PTV-2 降落飞行的大气数据状态（算法原理如图 2-63 所示）。之后，在猎户号探测飞行试验 1 号（EFT-1）运载火箭的校准程序上进行了重复使用，对 PTV-2 和 EFT-1 的不确定性制定了特征和校准表，创建多个 FADS 系统解决方案算法。开展了风洞试验以测试解算方法确定大气数据状态的准确性。最终产品预测迎角的平均误差为 0.06°，侧滑角为 0.24°，马赫数为 0.579%，静压为 2.67%。这些结果表明，当两个端口阵列在非对称、不规则隔热罩上偏移时，在极端方向上，在猎户号上实施 FADS 系统是可行、可靠且可重复的，为猎户号大气数据状态的确定提供了可靠的方法。

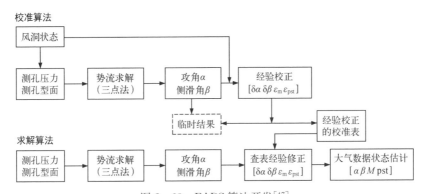

图 2-63　FADS算法开发[47]

2. 该技术在飞行试验中的应用情况

1) 应用于 X-15 飞行器的 FADS 系统[48]

20 世纪 60 年代中期，最初的 FADS 系统原理模型在 X-15 飞行器中进行验证。X-15 飞行器为单座、火箭驱动的研究性飞行器，最大飞行马赫数为 5.3，挂载于 B-52 轰炸机上，在 90 km 高空进行放飞试验。应用于 X-15 飞行器的 FADS 系统工作原理如图 2-64 所示，该系统是由液压驱动的机械装置，以适应 X-15 飞行器的高温及动压低的飞行需求。FADS 系统的姿态角测压孔中，两个位于攻角平面，两个位于侧滑角平面，分别测量与攻角及侧滑角相关的表面压力。从压力传感器得到的非均衡信号通过放大器反馈到液压驱动装置，以定位球体消除压差。球体直径 0.16 m，试验攻角 $-20°\sim40°$；侧滑角 $-20°\sim20°$。此外，该 FADS 系统在与轴向呈 $70°$ 位置打了一个测压孔，以便进行校准，如图 2-65 所示。选取该位置的原因是该位置对于气流的敏感性及避免边缘可能存在的干扰该系统采用半球形外形结构来消除上下表面的测量压差以确定滞止

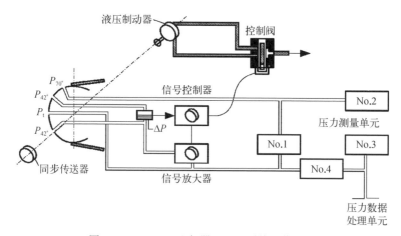

图 2-64　X-15 飞行器 FADS 系统工作原理

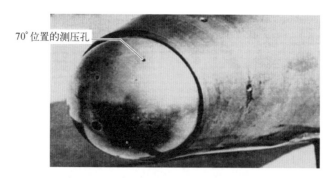

图 2-65　X-15 飞行器头部测压孔分布

点和当地攻角，并在球形内部设计了可随气流摆动的桨片感受气流入射角度，但是该系统机械设计繁琐，试验效果也不理想，在 X-15 飞行器项目结束后，这种在超声速状态下采用机械装置进行大气数据测量的思想便被抛弃。虽然应用于 X-15 飞行器的 FADS 系统的思想中止，但是 FADS 系统的原理模型为后续工作的开展奠定了良好的基础。

2) 应用于航天飞机的 FADS 系统[48]

NASA 就 FADS 系统在航天飞机上的应用进行过两期试验，在航天飞机上升段与再入段分别对 FADS 系统的性能进行了测试。对于应用于航天飞机上升段的 FADS 系统研究，采用的是将一个 30°/10° 的组合锥体套接于航天飞机头部位置，具体布局如图 2-66 所示。通过在此组合锥体上的上、下、左、右四个测压孔及总压孔，采用多元回归法将飞行参数解算出来。该系统配置本质上类似于空速管，但是解算方法各异。对于该系统的校准结果表明，马赫数较低时，校准得很好；但是马赫数较高时，由于探出的 30°/10° 组合锥体对于头部流场的干扰，校准结果精度不好。随后，对于 FADS 系统在航天飞机中的应用，NASA 兰利研究中心发展的航天飞机再入段大气数据传感方法中，提出了利用固定在飞行器头部周线上的压力传感器阵列来测量大气数据的方法，该系统不需要机械部件，通过测得的压力数据反推得到飞行参数。该系统包括 20 个测压孔，具体布局如图 2-67 所示。每个测压孔与一个绝对压力传感器相连，14 个主要的测压孔形成一个十字形阵列，6 个位于前段后部的测压孔为冗余配置。NASA 就再入过程中采用的 FADS 系统进行了试验论证。再入过程中采用的 FADS 系统的理论模型与上升段不同，通过最终的试验与数值计算结果表明，该 FADS 系统的攻角误差小于 $0.5°$，总压误差小于 0.5%，动压误差小于 5%。通过 NASA 就 FADS 系统在航天飞机上的两期试验对比表明，应用于再入段的 FADS 系统的性能明显优于上升段的性能。因此，应用于航天飞机上的 FADS 系统的原理模型逐渐应用于其他各型飞行器上。

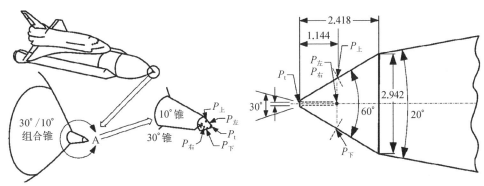

图 2-66　上升段航天飞机 FADS 系统布局（单位：ft）

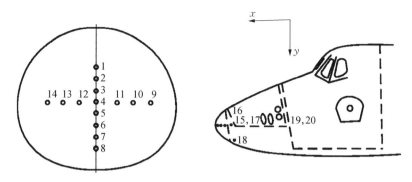

图 2 - 67　再入段航天飞机 FADS 系统布局

3) 应用于 F - 14 飞行器的 FADS 系统[48]

对于基于压力测量的 FADS 系统，最初较完整的系统论证是在 F - 14 飞行器中完成的。测试的主要目的是验证 FADS 系统在低速时的性能，同时对测压孔位置与相关飞行参数的敏感性进行了系统的风洞试验论证。F - 14 飞行器风洞试验采用 7％的风洞试验模型，部分测压孔布局如图 2 - 68 和图 2 - 69 所示，试验速度为 $Ma = 0.6$、0.9、1.05、1.2 和 1.39，攻角为 $-4° \sim 20°$，侧滑角为 $-8° \sim 8°$。具体试验在 NASA 艾姆斯（Arms）研究中心的 3.3 m×3.3 m 单式风洞中进行。通过一系列的风洞试验校准，就 FADS 系统如何选点计算静压、动压、马赫数、攻角及侧滑角等飞行参数进行了系统试验论证。在当地流动角为零时，风洞测得的驻点压力与 FADS 系统的驻点压力误差在 1％以内。风洞试验结果表明：① 确定静压所用到的测压点压力系数对马赫数及攻角很敏感，但是

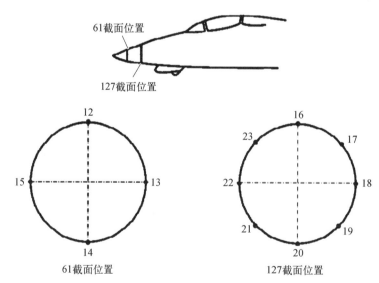

图 2 - 68　F - 14 飞行器的 FADS 系统部分测压孔布局

编号	圆周角/(°)	圆锥角/(°)
1	60	180
2	40	180
3	20	180
4	0	0
5	20	0
6	40	0
7	60	0
8	60	90
9	30	90
10	30	270
11	60	270

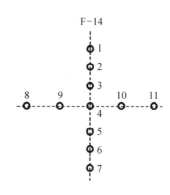

图 2-69   F-14 飞行器的 FADS 系统校准测压孔布局

由于马赫数范围有限，随马赫数的具体变化趋势有待验证；② 确定攻角时要考虑大攻角对于测压点位置敏感性的影响，随攻角的线性变化及随马赫数的波动较小；③ F-14 飞行器头部为钝头体，确定侧滑角的方法同攻角一致；④ 确定马赫数有两种方法：一种是用前端的两个测压点；另一种是用前端和机身上的两个测压点。一般选用第二种方法，虽然对攻角变化不敏感，但是对于马赫数变化敏感，求解较准确。对于应用于 F-14 飞行器的 FADS 系统的试验验证结果表明，利用分布在表面特定区域的测压孔得到表面压力分布，可以根据建立的气动模型准确地反推飞行参数。

4）应用于 X-33 飞行器的 FADS 系统[48]

随着 FADS 系统的逐步发展，其应用更加成熟。对用于 X-33 飞行器的 FADS 系统，试验初期预计达到的技术目标为：① 马赫数：对于 $2.5 \leqslant Ma \leqslant 4.0$，相对误差为 $\pm 5.0\%$；对于 $0.6 \leqslant Ma \leqslant 2.5$，相对误差为 $\pm 2.5\%$；对于 $Ma = 0.2$，0.6，绝对误差为 ± 0.015；② 攻角：对于前三次飞行，绝对误差为 $\pm 1.5°$；其后绝对误差为 $\pm 0.5°$；③ 侧滑角：绝对误差为 $\pm 0.5°$；④ 海拔高度：对于 $0.2 \leqslant Ma \leqslant 4.0$，绝对误差为 ± 60 m；⑤ 动压：对于 $0.02 \leqslant Ma \leqslant 4.0$，绝对误差为 ± 717.75 Pa。

应用于 X-33 飞行器的 FADS 系统的布点及选点方案需要考虑成本及准确性等各方面因素。布点位置尽量接近滞止区域，以保证来流扰动对于测压孔测量准确性的影响。具体的测压点配置如图 2-70 所示。应用于 X-33 飞行器的 FADS 系统较为完善，特征是加入了冗余配置，并对于冗余配置的工作原理及选取准则进行了相关探讨。冗余配置实质就是另外一套工作系统，根据数理统计中的 χ^2 检验方法来确定选取哪一套系统提供飞行参数。对于 FADS 系统的风洞试验校准程序为：① 通过风洞试验测出各个测压点压力，采用 FADS 系统的三点式算法求出当地攻角及侧滑角；② 根据计算得到的攻角和侧滑角，结合风洞试验的动压及马赫数，反推出各点的压力；③ 将步骤 2 中的压力与风洞试验得出的压力对比，根据非线性衰减法来计算形压系数。通过一系列的风洞试验校准，FADS 系统在其上的应用较为成功，基本达到预期设定的目标。同时，X‑33 飞行器上的 FADS 系统解决了算法的稳定性问题，使得 FADS 系统的应用更为成熟。系统采用 C‑103 尼龙合金材料作为取气面板，安装于 C/C 复合材料的飞行器表面，后部采用耐高温黄铜材料制成螺纹柱与内部螺母紧固安装，解决了取气装置防热设计问题。

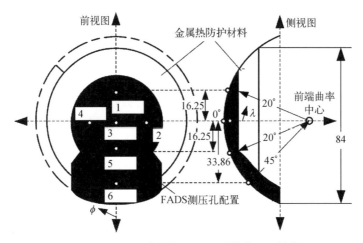

图 2‑70 X‑33 飞行器的 FADS 系统布局（单位：in）

5）应用于 X‑34 飞行器的 FADS 系统[48]

X‑34 飞行器为可重复使用的自主飞行器，飞行速度为 $Ma = 8.0$，飞行高度为 76 km；X‑34 飞行器的预期研究目标为：① 复合结构；② 先进的翼前缘热防护体系与材料；③ 低成本的航空电子设备，包括 GPS/INS；④ FADS 系统；⑤ 低成本的火箭发动机。X‑34 飞行器的一项重要任务就是验证 FADS 系统的性能。可以预见，FADS 系统将在此类飞行器中发挥更为重要的作用。X‑34 飞行器 FADS 系统的配置如图 2‑71 所示。风洞试验校准采用 10% 的 X‑34 风洞试验模型，在 NASA 兰利的亚声速风洞中进行试验；$Ma = 0.3$；动压为 5 981.27 Pa；攻角范围为 $-4° \leqslant \alpha \leqslant 20°$；侧滑角范围为 $-8° \leqslant \beta \leqslant 8°$ 应用于 X‑34 飞行器的 FADS 系统算法的一个创新点就是考虑了真实气体效应的影响，使得 FADS 系统在该类飞行器上可以真实反映当地的流场特征对于飞行参数的影响。系统采用头部 8 点十字形测压点布局形式。为了解决飞行器在高空稀薄大气层难以实现大气参数高精度测量的问题，在三点迭代算法的基础上发展了三点法与惯性融合的组合算法。

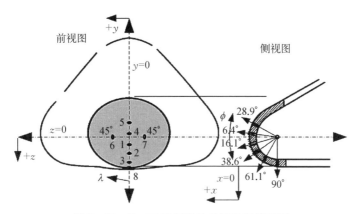

图 2-71　X-34 飞行器的 FADS 系统配置

6）应用于 X-43A 飞行器的 FADS 系统[48]

对于 FADS 系统在尖楔前体飞行器中的应用，NASA 采用 X-43A 飞行器进行了飞行验证。X-43A 飞行器是以验证超燃发动机技术为主要目的的高超声速飞行器，鉴于超燃发动机进气道对于攻角的高度敏感性，仅仅依靠 INS 达不到试验精度要求。为此，该飞行器的另一项主要任务就是验证 FADS 系统的工作稳定性及可靠性，以便使 FADS 系统可以提供精度较高的攻角，满足超燃发动机试验任务对于攻角精度要求较高的需求。NASA 试飞的 X-43A 飞行器在 $Ma=7.0$ 与 $Ma=10.0$ 的两次任务中都对 FADS 系统的稳定性与可靠性进行了验证。FADS 系统在 X-43A 上的分布如图 2-72 所示。其中，X-43A 是具有尖楔前体的外形，FADS 系统模块安装于飞行器的前端，以便使得测压传感器的测压管路尽量短，减小气动延时的误差对于攻角测量精度的影响。NASA 进行的 FADS 系统验证准备了两套工作方案。一种是所有的飞行参数全部根据 FADS 系统得出；另一种是将 FADS 系统与惯性导航系统联合运用。但是，在实际的飞行试验中，FADS 系统的部分测压孔失效，所以，最终的试验方案是 FADS 与惯性导航系统联合运用。最终试验结果表明，FADS 系统配合惯性导航系统可以比较准确地得到飞行参数，可以满足验证超燃发动机的任务需求。但是，对于 FADS 系统独立工作的研究有待进一步深入。

在两次 X-43A Hyper-X 研究飞行器（HXRV）的飞行任务中，对 FADS 系统进行了飞行测试，为在高超声速飞行空域中校准了该系统。FADS 系统用于马赫数 0.8～9.6 的三次飞行试验，攻角范围为 6°～15°，侧滑角度范围±3°。FADS 系统提供攻角、侧滑角和动态压力的估算。经过几年的地面测试，FADS 系统在高超声速飞行条件下完成了飞行测试。FADS 系统的飞行速度为马赫数 7.0～9.6。第三次飞行试验（马赫数 9.6）飞行速度比在地面进行的任何试验都

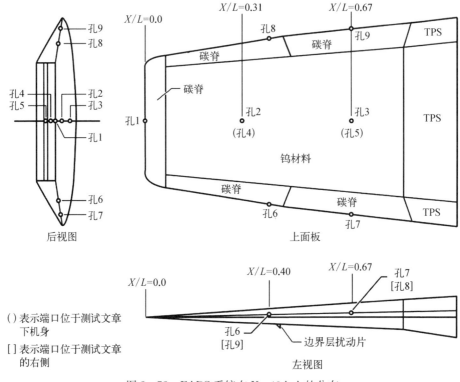

图 2-72　FADS 系统在 X-43A 上的分布

快，第三次飞行前的所有飞行前数据都只使用理论分析的方法获得。分析此飞行数据验证了 FADS 系统的功能和性能。所采用的方法是在 X-43A HXRV 上开发、地面测试和飞行测试 FADS 系统。所得数据将与惯导飞行数据、通过轨道重建获得的数据以及所有飞行前的分析数据进行比较，此分析用以重新校准飞行数据。

（三）国内发展水平

为满足吸气式空空导弹的飞行控制需求，设计了锥形布局的 FADS 系统[49]，其空气动力学模型的确定通过分析大量的风洞试验或飞行试验数据得到，使用非物理映射的方法建立测压点压力与基本大气参数之间的关系，形成完整的映射关系表格数据进行查表计算，可以直接采用神经网络训练试验数据，得到空气动力学模型。

图 2-73 为针对自主研发的吸气式空空导弹 FADS 系统，利用 FD-12 风洞对其进行了标定研究[50]。分析了风洞标定试验的技术特点，提出一种采用变

支杆长度方法避开风洞试验台阶波的标定方案，包括支杆设计、模型加工、安装以及测压管路气密性检测等，在风洞中完成标定试验。试验结果表明：在 Ma 2.0～3.5 范围内，FADS 系统的测量误差精度全部达到设计目标，其中静压误差≤490 Pa（≤3%）、马赫数误差≤0.1、迎角和侧滑角误差≤0.5°；与首次标定相比，各来流参数测量误差均减小，特别是 $Ma=2$ 状态下，静压最大相对误差由 11.5% 降低到 3.0%，马赫数最大误差由 0.15 下降到 0.10，迎角最大误差由 2.5° 降低到 0.5°，侧滑角最大误差由 1.2° 降低到 0.5°。测点分布如图 2-74 所示。

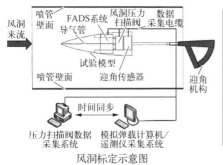

风洞标定示意图　　　　　　　　　　　　风洞试验模型

图 2-73　导弹 FADS 系统试验标定

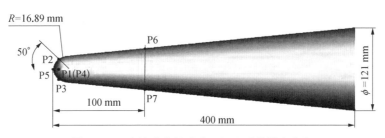

图 2-74　火箭弹飞行试验 FADS 系统测点分布

如图 2-75 所示，国内利用成熟的低成本火箭弹平台[51]，开展超声速（$Ma>3$）飞行试验的嵌入式大气数据传感系统技术研究。针对嵌入式大气数据传感系统的求解算法，测量系统和误差影响等关键技术问题，建立基于神经网络技术的求解算法和设计飞行试验方案，并完成飞行试验和数据分析研究。研究结果表明基于神经网络技术的求解算法具有较好的鲁棒性和较高的求解精度。测量结果与雷达测量结果基本吻合，验证了算法设计；测量结果相对于雷达测量结果，静压平均相对误差约为 5.2%，最大相对误差 18.8%；马赫数平均相对误差 4.2%，最大相对误差 14.9%。攻角和侧滑角的测量结果与理论弹道结果变化趋势接近。

图 2-75 火箭弹飞行试验

针对大翼展重复使用飞行器无动力返回过程中，能量管理和进场水平着陆段飞行器相对大气运动参数的测量，为飞行器飞行剖面规划和姿态稳定控制提供精确的动压、攻角、侧滑角、马赫数信息，提高无动力返场飞行过程中对风干扰、大气不确定性的适应能力，增强飞行器的自主性。FADS 硬件结构如图 2-76 所示，由测压孔、引气管路、压力传感器舱、大气数据计算机、数据总线或光纤等组成。

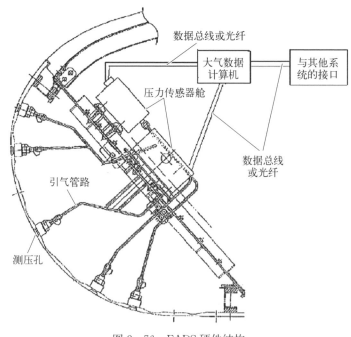

图 2-76 FADS 硬件结构

为建立各测压孔的压力系数对飞行参数的变化关系，开展了多轮风洞测压试验，获得了不同攻角、侧滑角和马赫数的压力系数数据。采用"风洞+飞行器缩比模型＋大气测量与解算装置实物＋仿真机"方案，对数据库和解算算法精度进行验证。具体方案如图 2-77 所示，试验过程中，通过风洞模拟大气稳定流场，为大气机测压装置提供激励；大气机通过缩比模型表面的测压孔获取飞行器外表面压力，经压力测量装置转换为电信号；大气机实时接收仿真机发送的导航信息，结合压力测量结果，解算大气运动相关参数并反馈给仿真机；仿真机接收到大气机发送的大气运动参数后，修正导航信息，并与仿真机设定场景进行比较，评估解算效果。

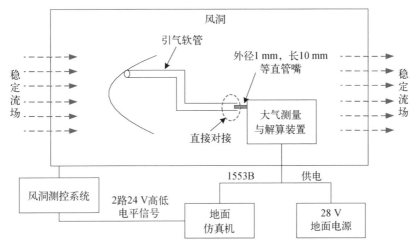

图 2-77 FADS 系统风洞试验方案

目前已完成 FADS 相关系统软硬件研制工作，后续将通过飞行试验开展系统性能验证工作。

2005~2012 年成都飞机设计研究所与中国空气动力与发展中心高速所合作研究嵌入式 FADS 系统，2013 年开始研究飞翼布局的 FADS 系统，形成了具有自主知识产权的算法设计，已在巡航导弹、轰炸机和隐身无人机多种型号上验证了布局和算法，其产品正式进入型号应用阶段。在 X-Ⅰ和 X-Ⅱ飞行器上完成 FADS 技术验证，X-Ⅰ飞行器完全实现了 FADS 测量参数与飞行控制系统的结合。在 X-Ⅱ飞行试验中（$Ma=6$，飞行高度 $H=60$ km），FADS 系统对攻角和侧滑角误差分别为 $0.2°$ 和 $0.15°$，而动压和静压的预测误差相对较大。

（四）我国能力差距与技术瓶颈

（1）FADS 所应用的基础理论借鉴于国外理论，自主创新能力薄弱。

FADS 解算算法要满足高精度、计算量小、适应大气数据处理计算机处理速度的要求，要解决 FADS 的故障诊断与解算算法的重构等技术难题。我国在自主研发 FADS 系统的进程中，无论是导弹、空天飞机、返回舱等飞行器，从压力分布数据到大气参数的建模与算法，基本上是依赖国外已公开的空气动力学模型、代理模型及其解算方法，自主创新极少，锥形头部等尖状或非规则布局的 FADS 系统目前还没有统一的空气动力学模型。而大气数据的解算精度受建模和算法的影响很大，提高 FADS 的测量精度，一方面必须不断对其修正和改进，另一方面还要探索新的理论。

FADS 系统涉及气动、流体、测量、材料、工艺、控制等多学科的交叉融合，从其设计到测试必须有雄厚的理论基础作为支撑，而我国对 FADS 系统的基础研究相对薄弱，研究对象也比较单一，不注重多学科的交叉融合，这就造成在 FADS 使用的过程中会出现不确定性、可靠性不高等问题。我国尚缺少对 FADS 开展系统研究的研发团队，存在研究经验和技术积累不足的问题。

为满足总体气动力热性能需求，飞行器头部外形更加复杂，不再是球头或钝锥等简单外形，导致头部附近绕流流场趋于复杂。对复杂流场力热特性的深入认识决定了 FADS 系统测压孔布局设计的合理性和有效性，而对于跨声速、高超声速极端条件下非定常、气动加热等气动问题的研究还不够深入。

（2）FADS 系统的压力传感器完全依赖进口。

大气传感系统中的压力传感器不仅要求应适应跨多空域的飞行特点，具备宽量程测压能力，同时为满足测量精度要求，压力传感器精度不应低于 0.03% FS。传感器的测量精度直接影响 FADS 系统的测量精度，研制小型化、高精度且耐腐蚀、耐高温和抗电磁干扰特性良好的传感器对于满足 FADS 高精度测量需求至关重要。目前，我国 FADS 系统的研制，压力的敏感部件完全依赖国外进口的硅谐振式压力传感器，测量精度可达万分之二，且可小型化。我国传感器制造厂商大多采用国外进口芯片，没有自己的芯片生产线，高精度硅谐振式微型压力传感器也处于在研阶段，其精度还无法满足工程应用需求。

（3）FADS 测量精度不高。

FADS 系统算法气动数据库的建立、模型算法的校准和工作性能都需要通过风洞试验来完成。而目前气动数据库的建立受限于风洞的尺寸和模拟能力，风洞基本能够满足马赫数的模拟需求但满足不了高度的模拟需求。对于模型算法的校准，对风洞试验数据的质量要求较高，一是要求风洞马赫数等来流参数的测量十分精确，且具有良好的流场品质；二是要求试验模型的固定偏差和制造误差尽可能小。目前风洞对超声速、高超声速飞行工况的模拟能力有限，无法完全模拟真实飞行环境，影响数据库精度。受限于风洞尺寸，必须使用型号飞行器的缩比模型进行试验，缩比模型的开孔（位置、角度偏差）和解算精度不能代表实际飞行产品的状态，由尺度效应引起的误差无法说明。实际飞行器由于受制造精度误差、表面防热结构及其他因素影响，与理论外形会存在一定差异，进一步增大了测压孔布局设计的难度。压力系数数据库的偏差主要受到风洞试验和数值计算的预示精度、飞行器测压孔的打孔位置和垂直度精度以及飞行器形面装配工艺精度等方面的影响，特别是天地差异性的影响无有效评估手段，导致 FADS 系统的测量精度受到极大影响，需要开展压力系数数据偏差的优化工作。同时，当前 FADS 仍沿用了航空系统中普遍采用的受感器＋引气管路＋压力传感器的引气测量结构，对于航天系统相对恶劣的飞行环境，在压力传输过程中存在的漏气、管路延迟等问题将被放大，降低了 FADS 测量结果的可靠性。

（4）数据和技术封锁严重，推广、合作比较困难。

飞行器研制单位保密非常严格，弹道遥测数据等严加封锁。为了避免泄密风险，无法与研究单位实现数据共享，深入合作困难，无法验证 FADS 实际测量数据的有效性和精确性。

（5）热防护技术和冷却技术的不成熟限制了 FADS 技术的应用。

对于空天飞行器和再入飞行器（如返回舱等），大气传感系统工作在高超声速恶劣的飞行环境中时，飞行器驻点气体温度最高可能超过 1 800℃。为保证 FADS 系统的可靠工作，取气装置和引气管路都应采用耐高温材料和耐高温密封设计；同时，作用于压力传感器的受感元件上的气体很可能也具有很高的温度，因此，需要通过冷却装置使管路中的气体温度能满足传感器工作条件，大气数据计算机也应具备耐高温工作能力。我国耐高温材料尽管具备了极端条件下耐烧蚀性能，但与 FADS 系统取气装置、引气管路等部件的相互集成尚需要研究。目前对于航天飞机的 FADS 设计，驻点烧蚀问题限制了测压孔位置的选择（孔的布置在背风面），这就造成了测压孔对大气压力的敏感性不强，影响系统的测量精度。当前 FADS 压力受感器的材质沿用了航空系统的材质，其最大许用温度约为 200℃，然而对于航天系统面对的高马赫数飞行环境，该温度许用范围过低，且当前的受感器结构也无法承受由高温高压引起的结构变形和腐蚀，限制了 FADS 的最大许用马赫数，因此需要研制耐高温高压的受感器原件。

（五）技术发展路线

（1）持续加强理论研究。深入研究测压孔布局、气动模型和求解算法、校正算法、故障检测与管理技术等。对当前风洞试验的方式进行优化，对风洞来流参数更精确地测量。持续研究复杂流动机理，提高 CFD 预测精度。进一步开展理论分析和试验验证，降低测压孔压力系数偏差带；通过元器件筛选或误差补偿进一步提高测压孔压力传感器测量精度；解决迎风面测压孔热防护问题，明确其可用性。创新 FADS 系统解算算法，提高估计精度。完善化学非平衡等复杂流动的建模与仿真算法，使 FADS 校核数据更加准确。当前风洞试验的流程较繁琐，试验周期较长，因此拟研究除风洞试验外的地面测试环境，搭建包括飞行器头部结构、FADS 软硬件、气压传输、飞控机、仿真机在内的半实物仿真验证平台，通过压力传输装置对 FADS 测压结构施加压力，模拟实际飞行环境，观察系统的测量结果，实现对于 FADS 系统性能的简单、易行、可靠的地面验证。

（2）加强对耐高温材料和结构件的研制。发展新型耐高温材料，研究材料烧蚀机理，考核 FADS 系统与隔热材料和结构件的匹配性。开发新型冷却装置，使管路中气体温度能够满足传感器工作条件。

（3）加强科研单位与型号单位的交流合作。建立科研单位与型号单位深入合作的体制机制，实现数据共享、促进技术转化。

（4）加大对传感器的研制投入。联合国内优势单位，加大对高精度传感器的研制力度，打破传感器依靠国外进口的"卡脖子"问题。传感器的研制应适应跨多空域的飞行特点，具备宽量程测压能力，同时为满足测量精度要求，压力传感器精度不应低于 0.03%FS。

（5）组建 FADS 系统研究的科研团队。通过科研立项支撑 FADS 系统的研发，提高技术成熟度。以分课题、定计划等形式从理论上（算法、误差分析、不确定性分析等）、技术上做深层次研究。进一步研究高空、高马赫数稀薄条件下 FADS 模型及解算方法的适用性，复杂力热环境条件下 FADS 系统的可靠性、FADS 与其他测量数据的融合使用方法等。

四、电子密度测试技术

（一）技术介绍

等离子体诊断技术是黑障现象研究的重要内容之一。在电磁波与等离子体相互作用研究中，等离子体的电子密度和碰撞频率是关键基础参数，碰撞频率与等离子体中的电子温度、密度、气体组分等参数有关，获得这些参数是认识和理解黑障现象、建立等离子体鞘套的理论模型、实现高超飞行器连续可靠通信与测控的基础。

目前等离子体诊断法有很多，各种诊断方法有各自的适用范围。按照测量方法划分，分为介入式诊断法和非介入式诊断法，如图 2-78 所示。介入式诊断方法由于其空间分辨率较高，常用于低温/高温等离子体的诊断，缺点是它将对等离子体产生一定影响。非介入式诊断方法由于不存在对等离子体的污染，常用于高温等离子体与聚变等离子体的诊断当中。

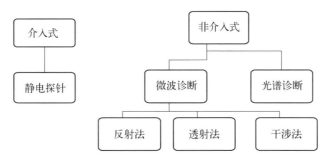

图 2-78　等离子体诊断方式分类

由于在低温等离子体中不易受到杂质污染和等离子体环境温度的影响，介入式诊断方法在低温等离子体的诊断中得到了广泛的应用。静电探针是最为常用的介入式等离子体诊断方法。这类诊断方法具有很高的时间分辨率和空间分辨率，其中时间分辨率与调制源扫频速率相关，空间分辨率则与探针的尺寸相关。常用的介入式微波诊断方法有微波共振探针、等离子体吸收探针和等离子体阻抗探针等。

静电探针又被称为朗缪尔探针，它的基本原理是在探针上施加一定的偏压，将探针置于等离子体中，当探针电势和流动等离子体电势不相等时，探针就会吸引电子或者离子，在探针回路中形成一定的电流，由获得的电流来推算电子浓度。但当其应用于低温工业等离子体的诊断时，极易在探针表面沉积一层不导电物质，此沉积物会严重影响静电探针的伏安特性，这限制了静电探针在工业等离子体诊断中的应用。在高温聚变等离子体中，由于一些高速带电粒子对静电探针表面的轰击，使得探针表面溅射出一些杂质粒子，从而影响高温等离子体的纯度，这会严重影响聚变等离子体的特性。

为了解决诸如此类在低温和高温等离子体诊断中遇到的问题，多种非介入式诊断方法得到了发展。在等离子体诊断技术中，微波干涉法作为一种代表性的微波诊断方法一直吸引着国内外学者对其进行研究和改进。微波干涉法是通过测量入射波在等离子体中传播时的相位移动来获得等离子体的介电常数，进而获得等离子体密度信息的。由于微波干涉法中天线不直接与等离子体接触，且微波在等离子体中传输时功率很小，所以用微波干涉法测量等离子体电子密度时不受等离子体离子数影响，具有较高的时间分辨率。但微波由于受测量布局的限制，大多数等离子体装置的测量通道数不多，因而难以获得较好的空间分辨率。此外，它的空间分辨率和相位改变是成比例的，因此在测量低密度电子密度时空间分辨率较低。设计多通道的微波干涉仪能够弥补微波干涉法空间分辨率差的缺陷，并且多通道所获得的数据可以反演等离子体尾迹的径向电子密度以及碰撞频率分布，对研究超高速飞行器尾迹等离子特性及其电磁特性有着重要的意义。

微波反射法是从传统的雷达技术发展而来的，现如今微波反射计已经被广泛地应用到托卡马克和其他磁约束聚变装置的密度剖面和密度涨落研究中。微波反射法利用电磁波在等离子体传播的截止特性，不同频率的入射波在等离子体中发生反射的临界面不同，测量反射波的相位变化，就可以得到临界面上的等离子体电子密度分布。采用扫频信号源，就可以获得很高的电子密度空间分辨率。

（二）国外发展水平

1967 年，英国皇家武器装备研究与发展研究院的 Tate 等基于朗缪尔双探针测试了高速物体尾迹的电子密度[52]。测试场景如图 2-79 所示。利用不同的探针测量尾迹不同径向位置的电子密度。探针响应时间为 10 μs 量级。

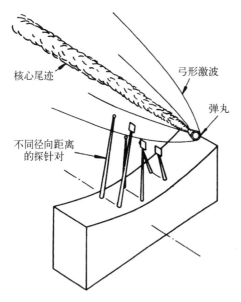

图 2-79　朗缪尔双探针测量高速
物体尾迹示意图[52]

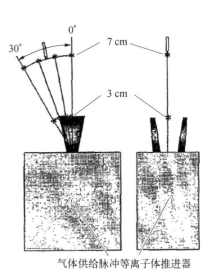

图 2-80　径向及方位向测量位置

1999 年，伍斯特理工学院的 Gdgne 等采用朗缪尔三探针测量气体脉冲等离子体推进器的实验室模型近出口区的电子密度以及电子温度[53]。测试位置为平行于推进器电极的平面，径向距离分别为 3 cm、7 cm。测试位置如图 2-80 所示。测试结果表明，在推进器出口平面上，电子密度范围为 $5 \times 10^{12} \sim 2.5 \times 10^{13}$ 个/cm^3，温度范围：$0.5 \sim 4$ eV；在出口下方径向距离为 4 cm 处，电子密度范围为 $2 \times 10^{12} \sim 1.0 \times 10^{13}$ 个/cm^3，温度范围为 $0.2 \sim 1.4$ eV。在一个脉冲时间内的平均温度范围：$0.4 \sim 1.3$ eV，且随径向距离和角度变化。

2001 年，伍斯特理工学院的 Eckman 等采用朗缪尔三探针对脉冲等离子体推进器实验室模型的羽流进行了测量[54]。静电三探针偏置电路及各探针相对电压如图 2-82 所示。推进器的释放能量分别为 5 J、20 J、40 J。测量位置：相对于推进器喷射表面径向距离分别为 6 cm、10 cm、12 cm、14 cm、16 cm、18 cm 和20 cm；相对角度在 10°、20°、30°、45°之中取与距离相对应的值。测试场景如图 2-81 所示，三探针偏置电路如图 2-82 所示。对于 5 J、20 J、40 J 的释放能量，推进器喷射口的最大电子密度的典型值分别为 1.6×10^{14} 个/cm^3、1.6×10^{15} 个/cm^3、1.8×10^{15} 个/cm^3。在 20 cm 处，电子密度降为 1.0×10^{13} 个/cm^3、1.5×10^{14} 个/cm^3、4.2×10^{14} 个/cm^3，分别对应 5 J、20 J、40 J 的释放能量。对于 5 J 情况，平均电子密度的范围：$1.0 \times 10^{13} \sim 2.0 \times 10^{14}$ 个/cm^3；对于 20 J 情况，平均电子密度范围：$3.0 \times 10^{13} \sim 9.0 \times 10^{14}$ 个/cm^3；对于 40 J 情况，平均电子密度范围：$5.0 \times 10^{13} \sim 1.4 \times 10^{15}$ 个/cm^3。

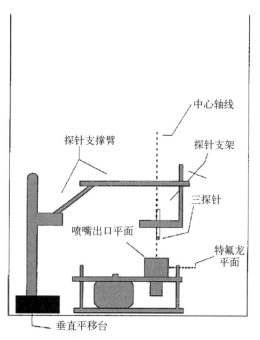

图 2-81　静电三探针测试羽流场景示意图

2004 年，伍斯特理工学院的 Gatsonis 等基于电流模式的方法将朗缪尔三探针和四探针应用于流动无碰撞的脉冲等离子体的测试[55]。三探针（P_1、P_2、P_3）及四探针（P_1、P_2、P_3、P_4）电压模式和电流模式电路图如图 2-83 所示。实验等离子体源为脉冲等离子体推进器。分别测量了释放能量为 5 J、20 J、40 J 时，等离子体源羽流不同位置的电子密度。脉冲时间：$10 \sim 15$ μs，烧蚀量：$(20 \sim 25)$ μg/pulse。基于双探针的测量结果，验证了电流模式的三探针和四探针方法的可行性。

2012 年，美国空军研究实验室的 Brown 等采用朗缪尔双探针对霍尔推进器

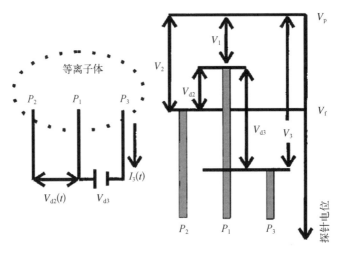

图 2-82　静电三探针偏置电路及各探针相对电压示意图

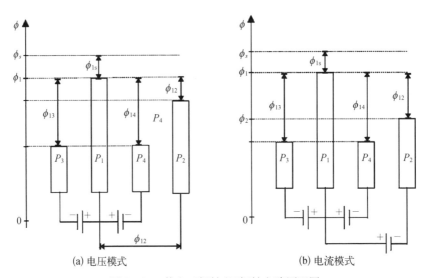

(a) 电压模式　　　　　　　　　　(b) 电流模式

图 2-83　静电三探针/四探针电路原理图

的喷射羽流进行测量[56]。通过改变双探针的半径，研究羽流等离子体特性的变化。测量位置为 150 倍推进器直径的羽流远场。基于 Laframboise 理论，他们提出了一种新的双探针分析方法用于计算低功率霍尔推进器的远场羽流等离子体密度。该方法在于 3 个不同半径的双探针设计，要求具有较宽的相对半径 (r_P/λ_D) 范围。通过与 OML 和薄鞘套分析方法的计算结果的比较，证明了考虑探针鞘套扩张时该方法的自洽性，且适用于相对半径为 $0\sim50(r_P/\lambda_D)$ 的情况。该方法测量低温度高扩张的羽流等离子体密度时具有很好的优势。

2013 年，密歇根大学的 Sekerak 等研究了 6 kW 的霍尔效应推进器羽流的等离子体特性[57]。基于 HET 的等离子体羽流的高振荡频率的特性，提出了一种高速等离子体诊断的新方法——带离子饱和度参考的高速朗缪尔双探针诊断方法，其电路原理图如图 2-84 所示。探针垂直放置于推进器喷射口表面以获取方位角上等离子体的瞬态变化。当 $E \times B$ 方向的轮辐速度为 1 800 m/s 时，可以捕捉到 14.4 μs 的密度变化。

美国在 20 世纪 60 年代至 70 年代进行了一系列针对航天器再入过程中产生的等离子体特性的测量与研究，其中比较著名的飞行试验为美国宇航局兰利中心进行的无线电衰减测量（Radio Attenuation Measurements，RAM）计划。RAM 计划共进行了 3 次飞行试验——RAM-C I、RAM-C II、RAM-C III。在试验期间，采用了探针、反射计、遥测技术等测试手段对等离子体特性进行了较为全面的研究[58-62]。3 次飞行试验中在再入飞行器上均布有阵列静电探针，测量了等离子体电子温度与空间高度关系的结果，具体如图 2-85～图 2-88 所示。

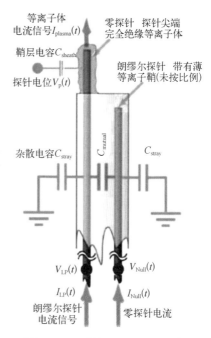

图 2-84　适用于 Lobbia 理论的双探针电路原理图[57]

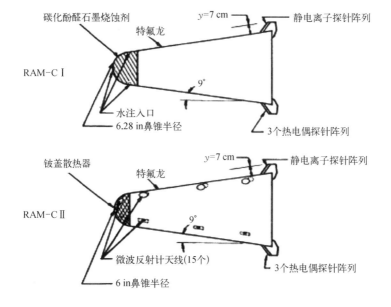

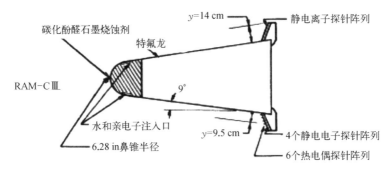

图 2-85　搭载朗缪尔探针的 NASA 试验飞行器 RAM-CⅠ、CⅡ、CⅢ 示意图

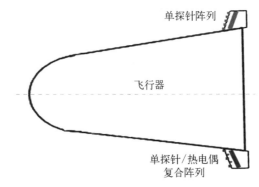

图 2-86　单探针与热电偶复合阵列在飞行器上布置图

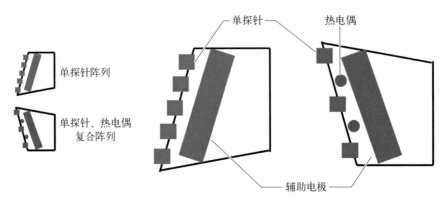

图 2-87　探针及热电偶在飞行器上安装图

　　RAM-CⅠ发射于 1967 年 10 月 19 日，地点在 NASA 沃洛普斯岛站。此次飞行试验主要包括三个任务：① 确定在地球轨道速度（7.62 km/s）下航天器进入地球大气层时，作为抑制通信黑障的水喷射技术效果；② 测试 X 波段高频遥测系统在减小黑障时间方面的效能；③ 基于静电探针测量流场特性参量。该飞行试验主要是用静电探针阵列对等离子体进行诊断，前缘探针被设计来探测 54.9 km 以上高空的自由电子[58]。阵列静电探针安装示意图如图 2-89 所示，

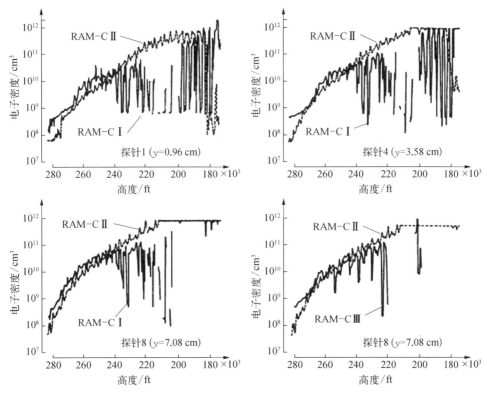

图 2-88　RAM-CⅠ、CⅡ、CⅢ测量的等离子体电子密度与空间高度的关系

静电探针的结构如图 2-90 所示，静电探针测得的不同高度条件下飞行器电子密度如图 2-91 所示。

微波反射计为 RAM-CⅡ进行等离子体诊断的基本测试方法[59]，再入飞行器最大速度为 7.62 km/s，测量位置分别位于飞行器四个不同的位置，测量高度为 56.39 km。飞行器形状为半球锥形，飞行器结构如图 2-92 所示，包括了不同测量设备在飞行器上的具体位置。反射计系统分别采用了 L 波段（1 116 MHz）、S 波段（3 348 MHz）、X 波段（10 044 MHz）和 Ka 波段（35 000 MHz）的 4 个频率，其电子密度测量范围是（10^{10}～10^{13}）个/cm^3。S 波段的反射器电路结构图如图 2-93 所示，4 个不同频段的反射计测得的功率反射系数如图 2-94 所示。同时，还采用了不同形状的喇叭对等离子体进行诊断，图 2-95 为矩形喇叭和圆锥形喇叭的测试数据。通过测量得到反射波的相位，推断在非均匀等离子体中临界密度的位置，从而显示等离子体轮廓形状的一般特性。

当等离子体达到临界密度时，反射计测得的反射系数会有急剧地上升。不同波段的反射计测得的电子密度峰值如图 2-96 所示。将反射计得到的数据与探针等设备得到的数据进行对比，具有较好的一致性。

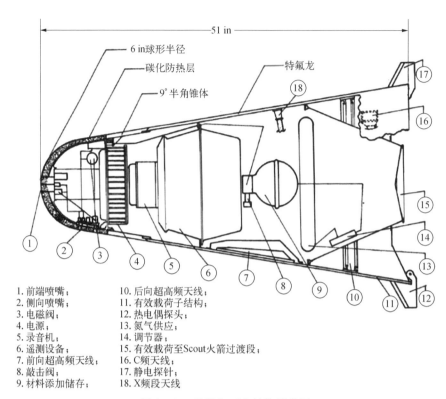

1. 前端喷嘴；
2. 侧向喷嘴；
3. 电磁阀；
4. 电源；
5. 录音机；
6. 遥测设备；
7. 前向超高频天线；
8. 敲击阀；
9. 材料添加储存；
10. 后向超高频天线；
11. 有效载荷子结构；
12. 热电偶探头；
13. 氮气供应；
14. 调节器；
15. 有效载荷至Scout火箭过渡段；
16. C频天线；
17. 静电探针；
18. X频段天线

图 2-89　RAM-CⅠ结构示意图

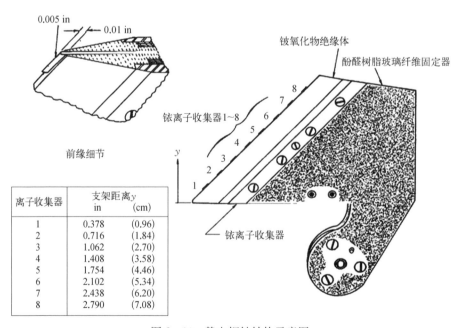

离子收集器	支架距离 y	
	in	(cm)
1	0.378	(0.96)
2	0.716	(1.84)
3	1.062	(2.70)
4	1.408	(3.58)
5	1.754	(4.46)
6	2.102	(5.34)
7	2.438	(6.20)
8	2.790	(7.08)

图 2-90　静电探针结构示意图

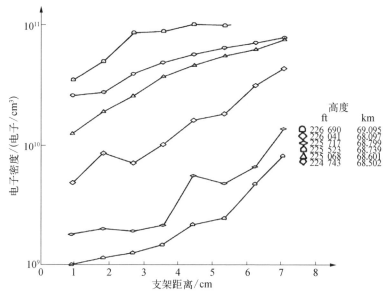

图 2-91　静电探针测得的不同高度条件下电子密度

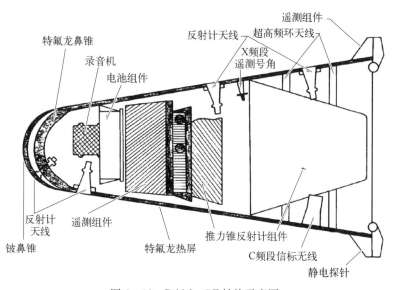

图 2-92　RAM-CⅡ结构示意图

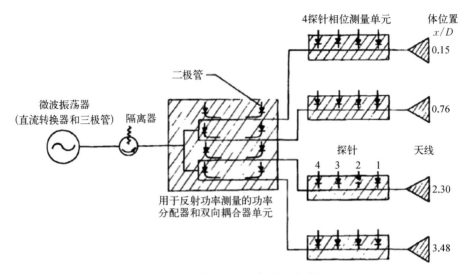

图 2-93 S波段微波反射计电路结构图

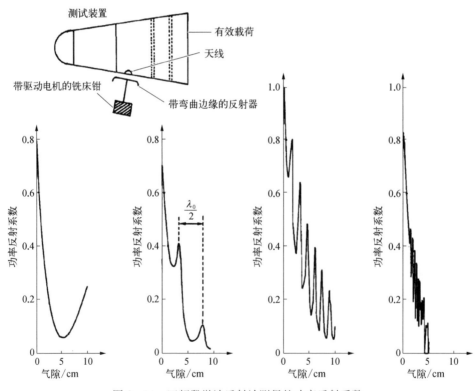

图 2-94 四频段微波反射计测得的功率反射系数

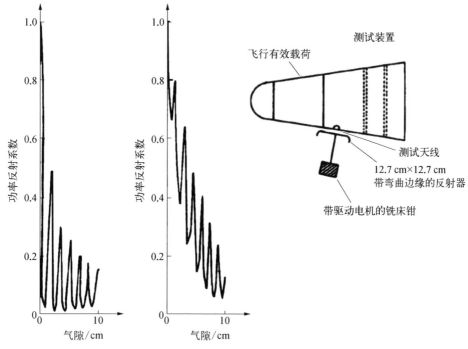

图 2-95　X 波段天线测得的功率反射系数

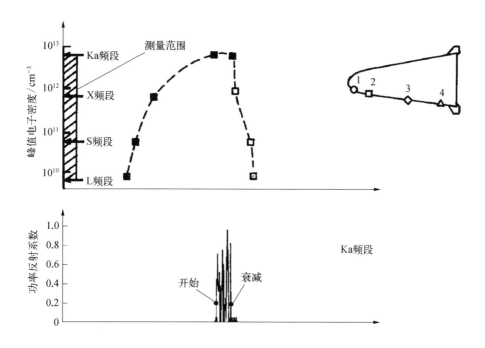

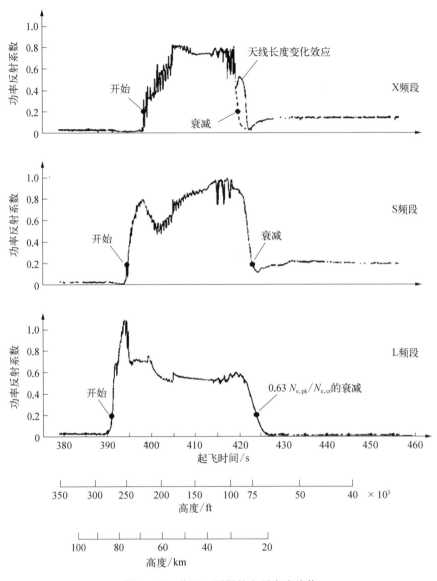

图 2-96 位置 2 测得的电子密度峰值

1970 年，NASA 兰利研究中心的 Huber 等[60]基于两个 RAM - C 再入航天器上微波反射计的测试数据，与理论计算得到的流场等离子体参数进行对比分析[61]，结果表明：在稀薄参数，对应的海拔上，双极电子离子扩散和壁复合对流场中电子的峰值浓度和分布有很大的影响。

同时期的关于微波反射计的飞行试验还有 NASA 戈达德太空飞行中心（Goddard Space Flight Center，Greenbelt，Maryland）基于 ATS - 3（Applications Technology

Satellite）的相对镜面反射率测试实验[62]。实验采用的微波反射计如图2-97所示。
1973年，美国空军剑桥实验室（Air Force Cambridge Research Laboratories）采用反射计和静电探针测试了钝形航天器再入过程中其周围的流场特性（开拓者计划[62]）。图2-98为本次实验的再入航天器的结构示意图，测试天线位于航天器的锥鼻处。图2-99给出并比较了反射计天线测得的功率反射系数随海拔高度的变化曲线，以及理论计算得到的功率反射系数曲线。

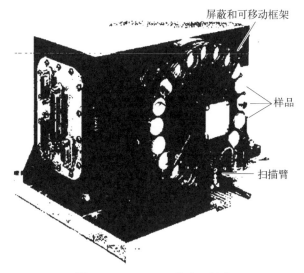

图2-97　ATS-3微波反射计

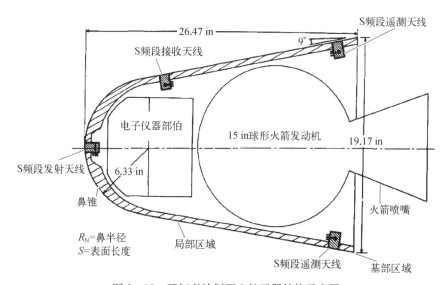

图2-98　开拓者计划再入航天器结构示意图

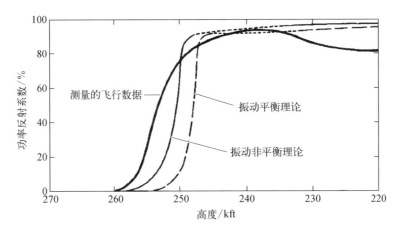

图 2 - 99　锥鼻处天线的理论功率反射系数曲线和测试功率反射系数曲线

　　1993 年，美国电磁科学公司（Electromagnetic Sciences Inc.）和 NASA 兰利实验中心联合研发了用于 Aeroassist 飞行试验（Aeroassist Flight Experiment，AFE）的微波反射电离传感器（microwave reflectometer ionization sensor，MRIS）[63,64]。MRIS 分别采用了 20 GHz、44 GHz、95 GHz 和 140 GHz 四个频点。如图 2 - 100 所示为 AFE 实验发射体前端测试设备分布情况，可以看到，反射计 MRIS 系统位于其顶部。图 2 - 101 为 MRIS 系统测试得到的等离子体电子密度，其中虚线为 4 个测试频率下的电子密度严格解。

　　1998 年，日本的国立航空航天实验室（National Aerospace Laboratory）、日本航天开发事业团（National Space Development Agency of Japan）开展了 HYFLEX 飞行试验[65]。实验发射时间为 1996 年 2 月 12 日，实验地点在种子岛宇宙中心（Tanegashima Space Center），发射载具为 J - 1 型运载火箭。图 2 - 102 为 HYFLEX 实验的飞行计划示意图。发射的航天器如图 2 - 103 所示。本次实验采用的反射计工作在 902.85 MHz 和 1 676.5 MHz 两个频率，其相对于航天器的位置如图 2 - 104 所示。图 2 - 105 为理论功率反射系数和测试功率反射系数的对比图。将实验测试数据与数值计算结果进行了对比。通过数据处理得到等离子体电子密度，并将处理结果与 VHF 遥测天线得到的结果进行了比较，如图 2 - 106 所示。

　　欧空局（ESA）对弹道舱飞行试验等离子诊断[66]，观察到飞行时间在 100 s 量级范围内的弹道舱所产生的等离子体频率范围主要为 1～40 GHz，对应的等离子体鞘层厚度最高达 50 cm。再入等离子体宽频带反射计实验室模型如图 2 - 107 所示，该设备为单频、快速扫描宽频带反射计，在距离分辨率、精度、空间采样和数据处理灵活性等几个标准上表现良好。

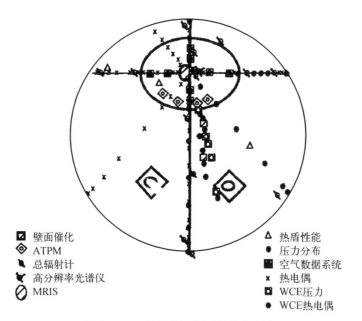

壁面催化 热盾性能
ATPM 压力分布
总辐射计 空气数据系统
高分辨率光谱仪 热电偶
MRIS WCE压力
WCE热电偶

图 2 - 100　AFE 前端测试设备分布图

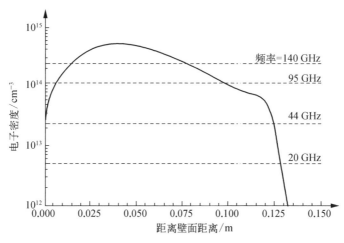

图 2 - 101　MRIS 测试得到的电子密度

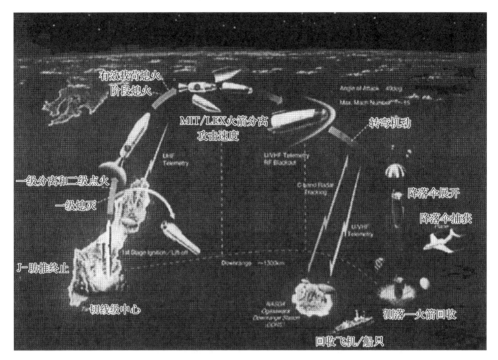

图 2-102　HYFLEX 飞行计划

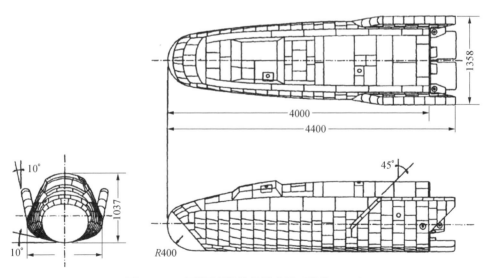

图 2-103　HYFLEX 结构示意图（单位：mm）

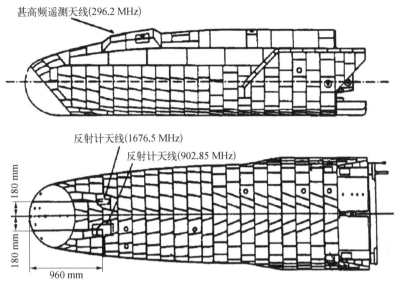

图 2-104 HYFLEX 微波反射计天线位置

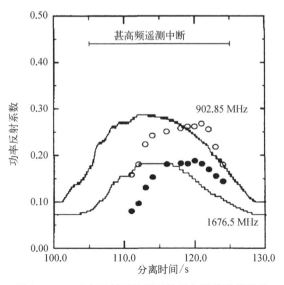

图 2-105 功率反射系数测试结果与数值计算结果

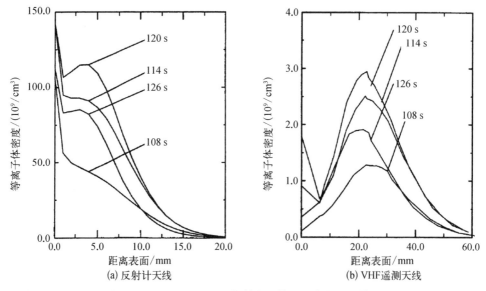

图 2 - 106　HYFLEX 流场等离子体电子密度测量结果

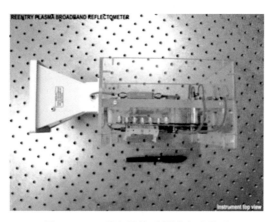

图 2 - 107　等离子体反射计实验模型

（三）国内发展水平

关于再入等离子体鞘套的研究，国内的起步时间与国外基本相同，但自从采用存储转发机制避开黑障问题后，我国相关研究在 20 世纪 70 年代中后期基本停止，在基础理论、关键技术、研制条件、验证手段和设备等方面遗留了较多的空缺。近年来，随着我国发展临近空间高超声速飞行器全程导航的需求，等离子体鞘套黑障问题的研究又逐渐成为热点。

　　国内高速流体和黑障的相关研究与国际基本同时起步，早在 20 世纪 50 年代末我国就建立了当时国际上先进的直径 800 mm 大型高温激波管等高超声速空气动力学实验设备，并且在 20 世纪 70 年代与国际同步地开展了高温流场等离子体的电磁波传播研究。但从 20 世纪 80 年代相关研究基本停滞后，很长一段时间内都没有等离子体鞘套特性实验研究进展的报道。近年来，在国际上临近空间开发的大形势的带动下，国内兴起了新一轮等离子体鞘套特性研究热潮，并建立了一些大型实验装置，进行了一些有关黑障的理论和地面实验研究。理论研究包括等离子体鞘套中电磁波传播及天线特性的研究、等离子体鞘套电子密度分布理论计算、无线电频段的选取、测控通信体制研究、飞行器材料以及消除"黑障"的物理、化学等方面的一些理论研究工作[67-72]。为了研制出满足设计要求的高超声速飞行器，必须一体化地应用 3 个阶段，即模拟仿真、地面试验和飞行试验。等离子体风洞被认为是现阶段地面试验中较为接近真实鞘套环境的一种仿真模拟装置。我国自新中国成立以来经过在空气动力学、航空工业战线的科技人员的努力，基本上建成了由低速风洞、高速风洞、超高速风洞组成的风洞群，能够满足我国航空航天以及民用空气动力学试验的主要要求。某单位通过测量伸入到等离子体中的微波单极子天线的特性对等离子体密度进行测量，并且研究了鞘层、电子碰撞对测量结果的影响，提出了修正方法。某单位采用双频点微波透射衰减法对大气压等离子体进行了初步诊断。国内其他院校、研究单位也开展了大气压等离子体环境下的实验研究和诊断手段的探索。

　　在飞行试验方面，由于一系列原因我国未能开展实际搭载实验，特别是实际试飞测量实验。相关的实验研究主要依赖于激波管以及电弧风洞两种地面实验手段。近年来，某单位采用激波管获得了 S、X、Ka 频段电磁波在不同厚度均匀等离子体内的衰减特性[73,74]。由于激波管依靠气体燃烧破膜的方式产生激波，实验稳定状态的持续时间极短（数十微秒～数百微秒），部分实验结果与理论计算还存在一定差异。

　　2012 年，中国科学院空间科学应用研究中心研发了一种以探空火箭为平台的朗缪尔探针[75]，测量了电离层空间等离子体的特性参数及其扰动情况。设计的朗缪尔探针采用两路完全相同的球形探针。探针安装位置如图 2 - 108 所示。他们对探针分别进行了信号模拟源测试和等离子体源测试。探针测试原理图2 - 109 所示。

　　2016 年，哈尔滨工业大学采用朗缪尔双探针对俄罗斯 Galatea 设备的等离子体参数进行测量[76]，Galatea 结构图和实物图分别见图 2 - 110 和图 2 - 111。采用圆柱探针测量等离子体空间势，球形探针测量电子密度和电子温度，并将仿真数据与实测数据进行对比。

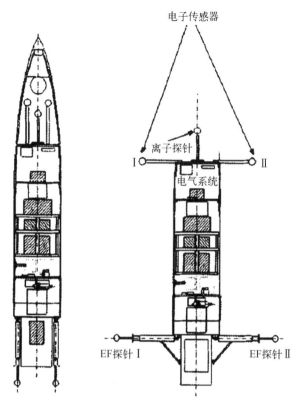

图 2-108　朗缪尔探针火箭安装示意图

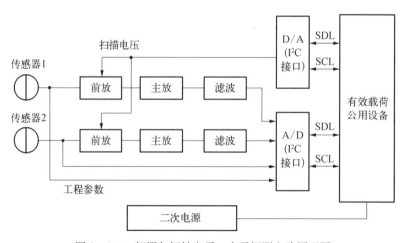

图 2-109　朗缪尔探针电子、离子探测电路原理图

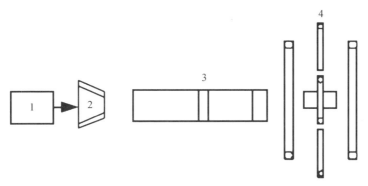

图 2 - 110 Galatea 结构图

图 2 - 111 Galatea 实物图

2016 年，中国科学院电子研究所通过理论分析建立了存在粒子间碰撞的圆柱形探针周围鞘层空间模型[77]，借助数值模拟分别利用 OML 理论、ABR 理论和 BRL 理论系统地计算了圆柱型探针对应的鞘层空间电势分布、修正玻姆电流及探针吸收离子电流特性，并给出了对应的物理解释。模拟结果表明，当探针半径尺寸为 1～3 倍德拜长度时，三种理论可以给出非常接近的探针吸收离子电流，即近似相等的等离子体密度。

2019 年，某单位研制了多频段微波反射计，拟进行搭载实验获得飞行全程中等离子鞘套的参数数据。微波反射计载荷包含宽带扫频天线和反射计两部分。其中反射计由射频扫频源与控制/检测电路组成。按照设定时序，射频源产生宽带扫频信号。通过天线发射，等离子鞘套引起电波反射。通过在天线后面基于定向耦合器的反射信号测量装置将等离子鞘套引起的多频段反射信号分离出来。输出的反射信号既有幅度大小，还有相位信息。利用反射信息反推鞘套的峰值电子密度。可以初步诊断出等离子鞘套的平均电子密度，再基于多频点数据，还可在一定程度上初步分析出电子密度的分布特性。其中，微波反射计主机的示意图如图 2 - 112 所示，反射测量天线如图 2 - 113 所示，表 2 - 5 列出了微波反射计的部分主要技术参数。

图 2－112　微波反射计主机示意图

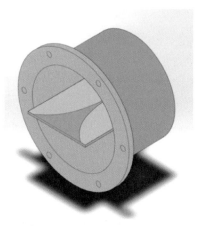

图 2－113　反射测量天线示意图

表 2－5　微波反射计主要参数指标

工作频段	2～9 GHz	扫描周期	＜500 ms
输出功率	≤5 dBm	供电电压	(28±4) V
扫描点数	单次最大 1 000 频点	最大功耗电流	≤ 0.5 A
重量	＜ 2.5 kg	诊断误差	不大于 50％
诊断电子密度范围		$5×10^{10}～1×10^{12}$ 个/cm³	

　　预期将开展的飞行试验测量任务：通过搭载多频段微波反射计获得飞行全程中等离子鞘套引起的反射信号变化，为反演诊断等离子鞘套电子密度的时空分布估计提供实验测量数据。获得的数据将对空气动力学、电波传播等研究提供有力的支撑。

　　中国科学院空间中心也自主实施了三枚探空火箭任务（表 2－6），火箭试验任务以获取我国临近空间电离层环境实验数据为主要科学目标。它由火箭系统和地基监测仪器组成。其中，火箭飞行高度超过 300 km，朗缪尔探针作为有效载荷之一，将通过天基-地基联合探测获得电离层特性参数，以及电离层环境短时变化等。三枚探空火箭上搭载了朗缪尔探针，其技术方案具有基本一致性（图 2－114），主要由离子探针传感器（1 个）、电子探针传感器（2 个）、离子探针伸杆、电子伸杆（2 个）和电子学箱组成。在探空火箭头部的轴向方向安装一个网格球形探针传感器用于测量离子密度，在火箭头部与箭体轴向垂直的平面内径向对称安装 2 个球形探针用于测量等离子体电子密度和离子密度。"鲲鹏三号"测量到的再入黑障等离子体如图 2－115 所示。其中，离子探针为中国和奥地利合作研制，电子探针由中国科学院空间中心自主研制。

表 2-6　中国科学院空间中心探空火箭任务

	鲲鹏一号	鲲鹏二号	鲲鹏三号
所属项目	子午工程	空间环境垂直探测试验	空间环境垂直探测试验
飞行高度	196 km	191 km	320 km
发射地点	中国科学院海南探空部 (109°E, 19°N)	中国科学院海南探空部 (109°E, 19°N)	中国科学院海南探空部 (109°E, 19°N)
有效载荷	朗缪尔探针；电场仪；大气微量成分探空仪	朗缪尔探针；电场仪；钡粉释放	朗缪尔探针；电场仪；落球
发射时间	2011年5月7日7时	2013年4月5日5时45分	2016年4月27日2时
地面探测设备	DPS-4数字测高仪	DPS-4数字测高仪	DPS-4数字测高仪

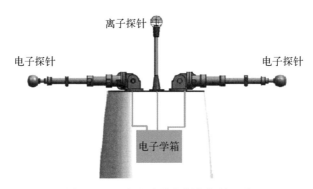

图 2-114　探空火箭朗缪尔探针组成

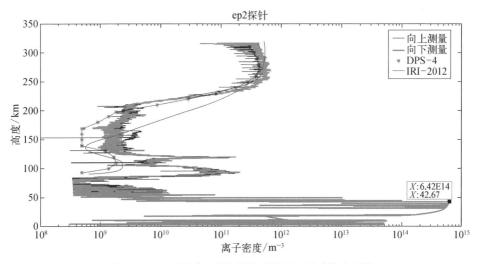

图 2-115　"鲲鹏三号"测量到的再入黑障等离子体

137

　　某单位在 HL‐2A 托克马克中做了相应的微波诊断研究，利用返波管作为扫频振荡源，其扫频范围为 26～40 GHz 或 40～60 GHz，周期为 1 ms。微波源产生的微波通过波导经调制器（调制频率为 250 MHz）进入等离子体中。被反射后的微波进入接收天线传输到检波器，检波出来的波通过放大器和 252 MHz 的电磁波一起被输入到混频器中，差出 2 MHz 的信号，另一路信号为参考信号，直接将本振源产生的 250 MHz 信号和晶振产生的 252 MHz 信号进行混频，得到 2 MHz 信号。2 个 2 MHz 的信号输入到鉴相器中得到延迟时间产生的相位差。通过计算机同步处理得到主等离子体的电子密度分布曲线。图 2‐116 为微波反射系统框图。空间分辨率 1 cm，时间分辨率 1 ms，测量的密度范围 $0.8 \times 10^{12} \sim 4.5 \times 10^{13}$ 个/cm^3。图 2‐117 给出了 2 560 次放电中反射测量到的电子密度分布。

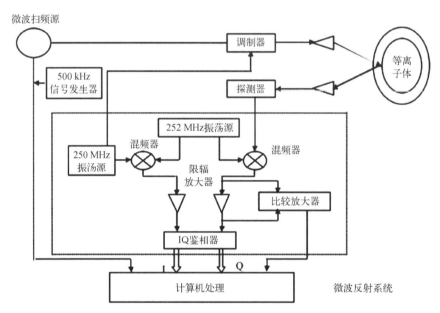

图 2‐116　微波反射系统示意图

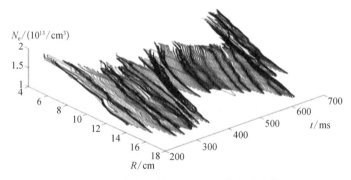

图 2‐117　微波反射测量的电子密度分布情况

（四）我国能力差距与技术瓶颈

地面模拟实验系统多采用风洞和小型等离子体发生器来模拟再入体的电磁波空间衰减和通信黑障缓解方法原理与定性分析等，但由于模拟参数的差异使得上述实验成果难以有效地阐明再入等离子体层对电磁波传播与电磁波辐射特性的影响。

（1）飞行试验上的探针基本上是平面式或共形的，技术专利目前掌握在国外相关单位手中，国内开展该类探针研究很少；国外飞行试验使用的探针材料最高可以长时间承受 3 500℃的高温，国内尚缺乏相应的材料。

（2）国内还缺乏完整体系的理论去研究设计静电探针在不同情况下的数据处理方法，在不同条件下采用相应的方法进行处理并修正以获得可靠的测试数据。尤其是在有等离子体碰撞条件下不同数据处理方法的对比分析开展研究不足，数据处理方法有待完善。

（3）微波反射计在稳态等离子体诊断应用范围较广，而针对适用于飞行试验的静电探针和微波反射计应用范围较窄，市场需求小、研发投入大，导致国内在系统研究飞行试验用微波反射计方面的研究力量投入不足，该类微波反射计目前处于原理样机阶段，后续还有较多地方需要进一步细化，并且微波反射计的数据处理方法可靠性验证不够。

（五）技术发展路线

（1）联合优势单位，开展飞行试验的静电探针与微波反射计等测试系统的研制，推进测试设备工程化以及后续细化完善，深入地开展建模与数值模拟研究，以及数据处理方法研究。

（2）开展实际试飞测量实验，根据飞行试验结果，深入地开展数据分析对比，完善电子密度测试设备与数据处理方法。

（3）加强超高速飞行器流场电子密度理论分析与数值模拟工作，进一步加强数值模拟、地面试验和飞行试验不同手段之间关联。特别是加强飞行试验的数值模拟与试验之间的对比分析，加强天地一致性关系研究。除传统探针方法和微波方法之外，发展利用等离子体辐射光谱进行电子密度诊断的新技术方法。

五、光谱测试技术

（一）技术介绍

对于高超声速飞行器来说，在飞行器再入过程中，头部空气经激波压缩可使局部流场达到上万开尔文的高温，此时，飞行状态下头部驻点附近温度的准确测量成为准确预测激波波后高温气体辐射情况的重要条件，以便为再入飞行器热防护设计提供可靠数据的主要实验基础。在这样的高温环境下，光谱测量技术作为非接触测量方式成为了重要的高温气体诊断方法，受到了国内外的广泛研究。对高温流场进行光谱测量，既可获得气体组分、温度等定量信息，又可作为高温气体的一种特征标识，为流场数值计算模型提供检验参照。目前可应用于飞行试验流场诊断的主要有辐射光谱测量技术和电子束荧光光谱技术两种。

辐射光谱测量技术利用光学收集装置和光谱分析设备（光谱仪）探测高超声速飞行器前端激波层和附面层内高温气体的辐射，获取高温气体的光谱特性，从而可以得知所测立体角内气体的组分种类和平均温度等信息。在飞行测试系统中，光学收集装置与光谱仪之间通过光纤连接，以便于在飞行器内布线和安装。在已知压力参数的条件下，可通过辐射光谱和化学平衡计算，定量计算出气体组分含量。但在光学收集镜头的立体角内，流场既包括附面层也包括激波层，压力梯度变化很大，使得组分浓度测量比较困难。辐射光谱测量技术的核心设备就是光谱仪，其原理如图 2-118 所示。将辐射光谱技术应用到飞行测试系统中，关键在于研制体积小、重量轻，同时能达到光谱分辨率要求的小型光谱仪，图 2-119 显示了 EXPERT 中的辐射光谱测量系统（RESPECT）安装示意图。

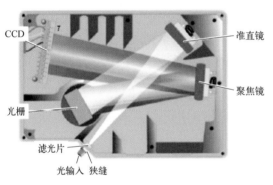

图 2-118　辐射光谱测量原理示意图

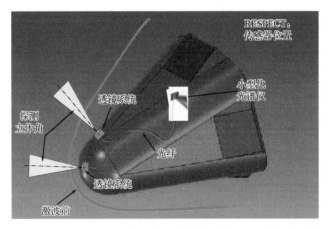

图 2-119　EXPERT 中的辐射光谱测量系统（RESPECT）[25]

飞行试验中光谱测量还有另一种有效手段，即电子束荧光（electron beam fluorescence，EBF）测量，可对流场密度、转动温度、振动温度、速度进行测量[78]。其基本原理是电子枪产生电子，并对电子进行加速、聚焦而形成一束细的高能电子流，稀薄条件下（气体分子数密度 $n<10^{16}\,\mathrm{cm}^{-3}$）气体分子和高速运动的电子相互作用后，基态气体分子受到激发处于离子的高能激发态，不稳定的离子激发态跃迁至稳定的离子基态，发出光子，原理如图 2-120 所示。产生的荧光强度与气体分子密度有关，其振动谱带和转动谱线中分别含有气体分子振动温度、转动温度的信息（图 2-121），荧光在流场中的多普勒效应或飞行距离与时间可反映气流的速度，通过测量和分析可以获得这些流场参数。将电子束荧光技术应用到飞行测试系统中，关键在于研制体积小、重量轻的电子枪、光谱仪和 ICCD。图 2-122 显示了 EXPERT 中的电子束荧光（EBF）测量系统安装示意图。

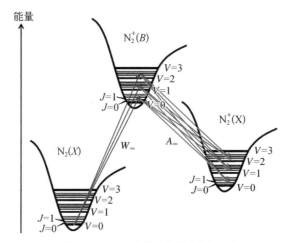

图 2-120　电子束激发荧光原理图

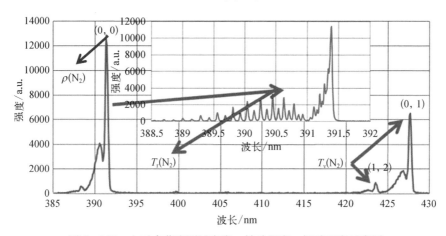

图 2-121　电子束荧光测量密度、转动温度、振动温度示意图

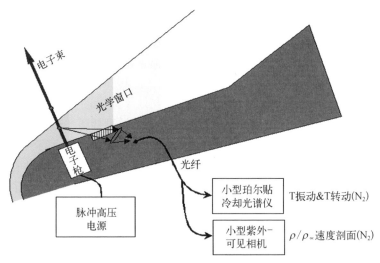

图 2-122　EXPERT 中的电子束荧光（EBF）测量系统[79]

（二）国外发展水平

（1）日本宇航局的 Nomura 等[80]利用发射光谱研究了活塞式高焓激波管 HIEST 的不规则加热现象，测量了高焓和低焓两种状态下的组分，并通过热力学平衡计算算出了各组分的粒子数密度。使用的光谱仪为 Bunkoukeiki MK-300，探测器为 ICCD（DH720，Andor Technology）。光信号通过离轴反射镜收集，在焦点处放置 7 根光纤组成的光纤阵列，实现 7 个空间点的测量。

（2）美国 NASA 阿姆斯研究中心的 Park 等在 20 MW 电弧等离子体射流风洞中利用辐射光谱技术研究了钝头体模型前激波层内的流场状态[81]。在两个不同状态下测量了气流的光谱信息，通过分析获得了自由来流的转动温度和激波层内流体的转动温度及振动温度。

（3）美国 NASA 阿姆斯研究中心的 Winter 和 Trumble[82]利用天文望远镜追踪并收集了星尘号太空舱返回大气层时激波前端的光谱信息，该研究组采用视场角为 20°的望远镜追踪，视场角为 0.45°的反射式望远镜收集，采样频率为 5 Hz，持续时间 30 s，成功获得了 CN 和 N_2^+ 等物质的光谱信号，通过光谱信息计算了防热层的温度以及驻点热流，其结果与 CFD 计算结果相吻合。

（4）德国斯图加特大学的 Ritter[83]通过机载的紫外光谱仪设备对 ATV1 飞行器返回地球大气层时激波前端和表面辐射的光谱信息进行了采集，通过光谱分析得出 ATV1 飞行器解体的原因是铝制结构件的损坏。

（5）比利时冯·卡门研究所的 Vancrayenest 和 Fletcher[84]在 1.2 MW 高频

等离子体风洞中对石墨的烧蚀过程进行了辐射光谱测量，测量的光谱范围为350～900 nm，测得了 CN、N_2^+ 等烧蚀产物，并对模型表面温度进行了计算。

（6）日本广岛大学的 Kozue 等[85]在等离子体射流设备中对钻石型激波进行了辐射光谱测量，实验中采用焦距为 0.5 m 的紫外-可见光光谱仪，150 线对/mm 的光栅用作宽谱测量，3 600 线对/mm 的光栅用作高分辨率的精细测量。

（7）欧空局的 EXPERT 飞行测试平台上搭载了一套再入辐射光谱测量系统 RESPECT[25]，该系统采用海洋光学 S2000 光纤光谱仪对飞行器头部和侧面两个测量点处 200～800 nm 光谱范围的信号进行采集，光谱分辨率为 0.5 nm。相关研究人员利用模拟软件模拟出了驻点线上的光谱数据并计算了不同物质的粒子数密度，但是相关飞行试验尚未进行。

（8）美国的 Muntz[78]于 1961 年至 1968 年发展了电子束荧光技术测量低密度氮气流转动温度、振动温度的方法，后来 Williams 等陆续发展了密度、速度测量方法[86-89]，电子束荧光技术在地面低密度风洞上开展了较为充分的试验，该技术也推广至其他国家的低密度风洞上。随后美国将电子束荧光测量系统应用于航天飞机的飞行试验，测量边界层中的密度、温度剖面[90]。

（9）法国的 Mohamed[91]采用脉冲电子枪和飞行时间法测量低密度流场的速度，持续发展了电子束荧光技术；目前完成了电子束荧光系统设备的小型化研制[92]，拟用于 EXPERT 飞行器飞行试验的测试。地面的验证试验等基本已完成，尚待开展飞行试验验证。其电子束整个系统（含电子枪、电源、真空、光谱仪等）小型化后总重量 11 kg，尺寸 0.3 m×0.295 m×0.2 m；预计测量 EXPERT 飞行器激波层内外各一个测点的密度、速度、转动温度、振动温度。

（三）国内发展水平

目前，国内相关单位主要是利用辐射光谱技术测量地面试验中的流场温度，具体应用情况有：中国航天空气动力技术研究院以及中国科学院力学研究所研究人员将发射光谱技术应用到电弧加热器漏水故障检测中，建立了一套以氢原子 Hα（656.28 nm）和氧原子（777.19 nm）发射谱线作为目标谱线的发射光谱监测系统[93]，在激波管中模拟火星再入流场环境，通过 CN 自由基发射光谱测量了激波波后高温气体的转动温度和振动温度的变化趋势[94]；中国科学院力学研究所的张秀杰等[95]利用氩光谱测量了高频感应风洞的等离子体温度及其分布；清华大学的沈岩等[96]利用氩气工质在真空室中通过发射光谱测量了电弧加热发动机的羽流温度；西安近代化学研究所的孙美等[97]利用红外光谱仪对固体推进剂羽流的红外辐射特性进行了研究。国内还未有将辐射光谱技术应用在飞行试验中的相关报道。

电子束荧光技术方面，国内主要将该技术应用于地面低密度风洞流场诊断，具体应用情况有：中国空气动力研究与发展中心的叶希超[98]应用电子束荧光技术测量了低密度风洞流场的转动温度、振动温度，陈爱国应用电子束荧光技术测量了流场的密度、速度、转动温度、振动温度分布，并给出了测量不确定度；中国科学院力学研究所林贞彬在激波风洞采用电子束荧光技术测量了流场密度[99,100]。国内还未有将电子束荧光技术应用在飞行试验中的相关报道。

（四）我国能力差距与技术瓶颈

小型光谱仪制造技术

光谱仪是辐射光谱测量技术的核心设备，将光谱仪搭载到飞行测试平台上需要制造出体积小、重量轻、稳定性高同时达到所需光谱分辨率要求的小型光谱仪。目前，美国的"海洋光学"公司在这类光谱仪的制造方面处于国际龙头的地位，就调研情况来看，国内多家单位，比如：中国科学院长春光学精密机械与物理研究所（简称长春光机所）、杭州博源光电科技有限公司等都有能力制造出与海洋光学公司产品性能相当的光谱仪产品，而且这些科技企业和研究机构都有一定的研制能力，可以根据客户的需求进行相关产品的研发。图 2-123 显示长春光机所研制的小型光纤单色仪，其分辨率可以达到 0.05 nm，波长范围 300~900 nm。该单位研制的微型光纤光谱仪分辨率最高可达 0.15 nm，并且经过运输振动和长时间工作测试，经浙江中控集团测试，其检出限优于海洋光学同类型光谱仪，通过多通道组合，该单位还研制了超高分辨率组合式多通道微型光谱仪，其分辨率在 200 nm 附近可达 0.07 nm，在 589 nm 附近可达 0.09 nm。

通过和相关单位技术人员的交流以及对该行业国内现状的分析，就小型光谱仪制造技术方面，目前主要存在以下几点问题：

（1）小型的科技企业大都是组装式的生产模式，光谱仪的核心零部件如光栅和探测器都由外国公司采购，然后进行仪器组装，很容易受到国外相关企业的制约。同时，小型的科技企业参与到此类研究项目还面临研发成本过高以及没有相关资质的问题，而且通过项目研制的设备通常没有相关市场，因此企业的获利有限甚至出现亏损。例如从杭州博源光电科技有限公司处我们得知，该公司在与硅酸盐研究所的合作过程中由于对研发产品多次改动导致成本增加，最后甚至超过项目经费预算。

（2）大型的研究机构能够对核心零部件如光栅和探测器进行研制，比如长春光机所的光栅中心就长期从事光栅生产和应用方面的研究，研制出了相应的生产设备如光栅刻划机，以及光栅制备工艺如全息光栅制备法和全息扫描制备

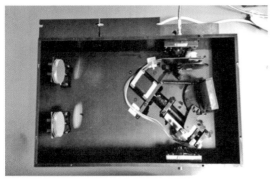

图 2-123　长春光机所高分辨光纤单色仪和多通道微型光谱仪

法。该中心还基于自己研制的光栅进行了小型光谱仪的研制，其性能指标都达到甚至超过了"海洋光学"的相关产品。但是，由于国内用户长期使用进口产品，对这种研究机构自主研发的产品信心不足，导致其很难打开市场，目前主要依靠国家相关项目的牵引，在某些可以不计成本的应用方面比如大型光栅制备可以做到较高水平，在较通用的设备制造方面不如国外的相关科技企业。

（3）光栅制备问题。目前国内长春光机所的光栅中心能够对光栅进行加工制造，其生产的光栅光谱分辨率能够达到 0.02 nm，在生产线上加工的光栅成品率能够达到 80% 以上，对于特种光栅如高精度光栅，该中心也有研发的能力，但是特种光栅的成品率无法保证，研制成本较高。

（4）探测器基本依赖进口，目前在光谱仪中使用的电荷耦合器件（charge-coupled device，CCD）探测器都是进口的产品，长春光机所的研究团队对科学互补金属氧化物半导体探测器（scientific complementary metal-oxide-semiconductor，SCMOS）探测器进行了研究并实现了产品制造，该探测器的量子效率和暗电流噪声都可以和 CCD 探测器相媲美，但是目前该探测器只应用在了成像设备上，在光谱仪上能否使用还有待研究。

（5）小型电子枪系统国内尚缺乏制备能力。电子枪系统是产生电子束的关键部件，目前主要有两种方式产生电子束，一种是传统的热丝式电子枪（国内也称为热阴极电子枪），另一种是离子轰击二次发射电子枪（国内也称为辉光放电型电子枪）。国内电子束主要应用于焊接、镀膜等领域，偏重于大功率，设备均庞大，相关研制单位缺乏小型化的经验。对于热丝式电子枪系统小型化来说，首先是对真空要求高，工作前要求真空为 10^{-3} Pa，高真空泵目前国内难以小型化。高压电源 0～50 kV，绝缘目前均采用油浸方式，难以小型化，而便于小型化的干式电源国内缺乏研究。由于热丝式电子枪工作时灯丝的电流在 15 A 左右，散热问题导致电子枪重量难以减轻。对于离子轰击二次发射电子枪系统小型化来说，主要是高压电源的工作电压 0～30 kV，放电距离限制体积难以小型化，也限制了电压最高 30 kV。对于离子轰击二次发射电子枪系统，国内的电子枪研制单位尚未试制出样品。

（五）发展技术路线

光谱测量是分析高温流场化学反应、微观热力学特性的基本手段，比如分子振转能、电子态激发能、分子离解-复合方式、原子电离-复合方式等，都必须依赖光谱特性进行分析。特别是在非平衡流动中，通过光谱分析获得的高温气体微观特性远比目前常用的经典热力学模型复杂得多。同时光谱测量技术往往需要精密的激光、光谱和光电设备，在地面试验中尚未完全成熟，在飞行试验中难度更大。建议从如下几方面加快推进光谱测量在高超声速飞行试验中的应用发展：

（1）推动自发辐射光谱测量技术和电子束荧光技术的飞行试验应用。自发辐射光谱测量技术是最为成熟和简单易行的，而且有现成的小型光谱设备，只要对其进行必要的外围控制与数据采集电路改造，即可满足飞行试验对小型化、轻量化、可靠性的要求。电子束荧光技术是对高空超高速稀薄流场诊断的有力方法，在获取流场密度、振转温度方面具有独特优势。但受限于国内对小型化、低真空电子枪系统研制能力不足，国际引进渠道不畅的原因，飞行试验中的电子束荧光技术首先需要联合国内优势单位攻克小型电子枪研制难题。同样小型光谱仪虽然国内有多种品牌可选择，但基本都是以集成为主，光谱芯片和光栅等核心元器件仍然依赖进口，短期内难以实现完全国产化。小型电子枪和小型光谱仪涉及国内基础精密加工和半导体技术能力，仅仅靠航天再入飞行试验不足以支撑其发展需求，必须拓展这些设备的应用领域，共同托举国内基础研制能力提升。

（2）建立高超声速高温流场光谱特征数据库。高超声速流场需要测量的参数多、环境因素变化大，需要多种光谱手段相互融合和验证，但许多光谱技术难以满足搭载要求而无法进行飞行试验。因此有必要通过大量地面试验和数值模拟方法建立丰富的高超声速高温流场光谱特征数据库，以便于飞行试验中利用部分光谱特征就能实现准确的流场特性诊断。

（3）光谱分析手段的基础是量子光学理论，在高温气体流动的实际数值建模方法中，必然与经典热力学理论存在概念上和认知上的差别。因此合理地将量子光学理论引入高超声速流动理论分析中是连通光谱测量技术与高温真实气体效应相关研究的必经途径，目前这方面的理论研究还比较薄弱。

六、表面摩阻测试技术

（一）技术介绍

表面摩擦阻力，简称摩阻，是指黏性流体流过物体表面产生的切向力，是飞行器总阻力的重要组成部分。研究表明，高超声速飞行器在大气层内飞行时所受的表面摩阻最大可达到飞行器总阻力的 50%[101]，直接制约了飞行器的有效荷载和航程。为了有效地抑制高超声速飞行器表面的摩擦阻力，无论是在飞行器设计阶段建立气动外形 CFD 模型，还是飞行器样机研制阶段的试验验证，都需要发展高精度表面摩阻测量技术，实现飞行器 CFD 模型和样机的高精度校核与验证。目前，真实飞行器表面摩阻的预估仍然依靠经验或者半经验关系式，亟待发展高超声速风洞摩阻测量技术和飞行试验摩阻测量技术。

摩阻测量主要包括直接测量和间接测量两大类测量手段[102]。直接测量一般采用力平衡原理直接测量摩阻敏感元件受表面摩擦阻力作用产生的位移/变形，比如各种摩阻天平、MEMS 摩阻传感器等。间接法，通过测量边界层速度剖面[103]、热流、压差和表面涂层厚度变化等与摩阻相关的物理量，再结合对待测流场的先验知识或假设，间接推导出测量的摩阻值，比如斯坦顿（Stanton）管[104]、普雷斯顿（Preston）管[105]、热线[106]、油膜[107]、液晶涂层[108]等方法。

一般来说，直接测量是首选方案，因为不需要任何假设，通过浮动元件受力平衡直接得到摩阻。常见的有常规摩阻天平[102,109] 和 MEMS 摩阻传感器[110]，主要在风洞试验环境中应用。常规摩阻天平的测量原理如图 2-124 所示。

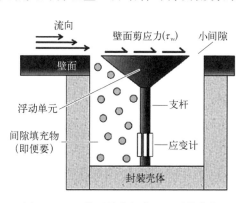

图 2-124 典型的常规摩阻天平结构与测量原理示意图

飞行试验环境比风洞试验环境恶劣，常规摩阻天平和 MEMS 摩阻传感器不适用，一般采用 Stanton 管、Preston 管和表面栅[111]等阻碍流体运动，测量由此产生的压差。根据边界层内流体特性，当阻碍物包含在黏性底层内时，压差和表面摩擦阻力可建立相应关系式，通过压差换算出表面摩擦阻力，测量原理如图 2‑125 所示。这类摩阻测量技术的不足是需要采用确定的摩阻测量手段进行对比标定，优势是可应用于飞行试验环境。

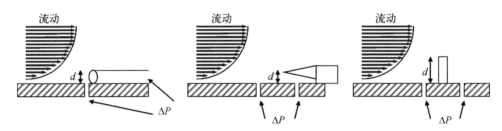

图 2‑125　基于压差测量法的摩阻测量原理

Preston[112]根据动力学相似性（量纲分析），提出剪切力的确定方式：

$$\frac{(P-p_0)d^2}{4\rho\nu^2}=F\left(\frac{\tau_0 d^2}{4\rho\nu^2}\right)$$

其中，P 为总压；p_0 为静压；d 为皮托管的外径；ρ 为气体的密度；ν 为气体的黏性系数。最为重要的是确定的形式。Preston 以圆形管道流动为对象，通过改变皮托管的外径，实验拟合出关系式为

当 $\lg\left[\dfrac{(P-p_0)d^2}{4\rho\nu^2}\right]>5.0$ 时：

$$\lg\frac{\tau_0 d^2}{4\rho\nu^2}=2.604+\frac{7}{8}\lg\left[\frac{(P-p_0)d^2}{4\rho\nu^2}\right]$$

当 $\lg\left[\dfrac{(P-p_0)d^2}{4\rho\nu^2}\right]$ 较小时：

$$\lg\frac{\tau_0 d^2}{4\rho\nu^2}=\frac{1}{2}\left\{\lg2+\lg\left[\frac{(P-p_0)d^2}{4\rho\nu^2}\right]\right\}$$

根据测量得到的总压和静压，如果知道密度、黏性和皮托管外径，可以反算出剪切力。

Stanton 管[113,114]又称表面压差管，是在与壁面垂直的小孔上覆盖极薄的金属片，以形成逆流或顺流的通道，利用测量近壁处的动压完成剪切力测量。记 Stanton 管的高度为 H，高度上的平均滞止压力为 ΔP，当 H 很小时（小于层流

边界层厚度）剪切力为

$$\tau = \frac{\mu}{H}\left(\frac{3}{\rho}\right)^{1/2}\Delta P^{0.5}$$

表面管（surface tube）原理是 Stanton 管是一样的[115]，但是用实验数据拟合的方法，提出的剪切力计算公式略有不同：

$$\tau = 0.481 u_1^{1.25}\rho^{0.25}\left(\frac{\mu}{y_d}\right)^{0.75}$$

其中，y_d 为管的开口高度；u_1 为 y_d 处的速度（用动压和静压计算）；μ 为黏性。K 型管的原理[116]如图 2-126 所示。

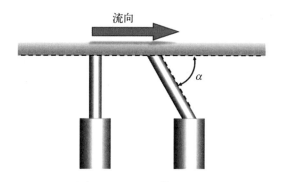

图 2-126　K 型管原理图

Onsrud 通过一系列实验（改变管的直径、角度 α），建议校正关系为

$$\tau = C(\Delta p)^n$$

其中，C 和 n 是 K 型管的直径 d 和角度 α 的常数。

（二）国外发展水平

高超声速条件下地面摩阻测量试验，应用较多的是常规摩阻天平技术、油膜/液晶涂层测量技术、压差摩阻测量技术等。

1. 常规摩阻天平技术

目前，国外许多研究机构利用摩阻天平技术测量高超声速条件下的表面摩阻，得到了成功应用，取得了显著成绩。美国弗吉尼亚理工大学采用应变摩阻天平技术进行平板原理试验及 Hyper-X 发动机和燃烧冲压联合循环发动机

（rocket-based combined cycle，RBCC）发动机的地面试验和飞行试验[117-119]，典型的摩阻天平结构和实物如图 2 - 127 所示。应变计分别采用箔式和半导体电阻应变计，表头结构上面安装浮动元件来感受待测摩阻，防热方法有硅油和硅橡胶填充、水冷、热沉和阻热结构设计等；通过理论分析/CFD 数值计算进行对比和验证。超燃冲压发动机摩阻测量风洞试验的不确定度为 11%～16%，压力梯度很大时，试验不确定度可以达到 12%～22%。

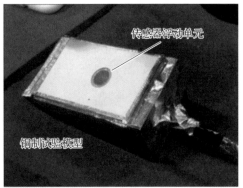

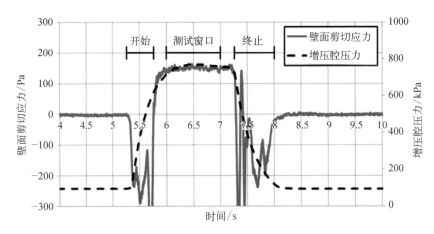

图 2 - 127　弗吉尼亚理工大学研制的摩阻天平、试验装置及测试曲线

俄罗斯科学院西伯利亚分部采用双分量应变摩阻天平技术进行原理性试验[120]，测量对象是平板和斜面模型的摩擦阻力；敏感元件为常规多片梁结构，采用半导体应变计，防热方法为硅油填充，同时测量敏感元件温度用于数据修正，如图 2 - 128 所示；验证技术为速度剖面技术和CFD 数值模拟技术，试验设备为低湍流度超声速风洞，平板摩阻测量的不确定度为 10%，压力梯度较大时测量的不确定度为 14%。

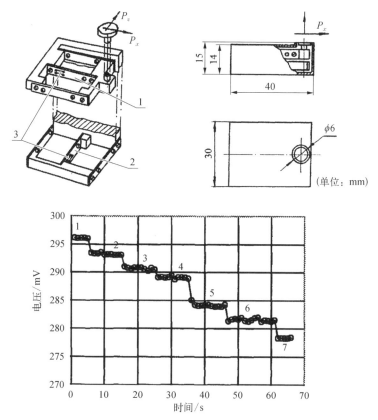

图 2-128　俄罗斯科学院研制的摩阻天平结构、尺寸与测试曲线

澳大利亚昆士兰大学进行了高超声速飞行器摩擦阻力测量[121,122]，如图 2-129 所示。研究对象有层流、分离流、湍流和超燃冲压发动机燃烧室流动；采用压电摩阻天平技术，验证方法是理论计算，试验设备是昆士兰大学 T4 自由活塞式激波风洞，试验不确定度为 8％。

印度科学院采用压电摩阻天平、光纤应变摩阻天平、光纤位移测量等技术[123,124]，如图 2-130，在 HST2 激波风洞和常规下吹式高超声速风洞进行摩擦阻力测量；验证技术有 Van-Driest 层流理论、Ekert 参考温度法和 CFD 数值模拟，几种方法获得的摩阻系数吻合较好。

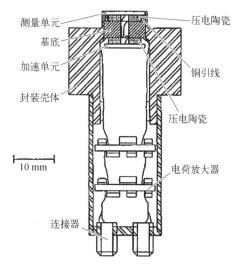

图 2-129　澳大利亚昆士兰大学研制的摩阻天平

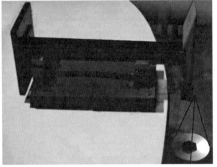

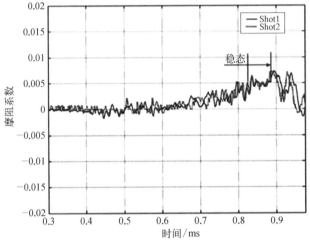

图 2-130　印度科学院的压电摩阻天平、光纤摩阻天平和测试曲线

日本东京技术学院采用应变摩阻天平[125]，如图 2-131 所示，在下吹式风洞的矩形超声速燃烧室中进行摩擦阻力测量，不点火燃烧条件下的试验准度可提高 5%。

2. MEMS 摩阻测量技术

MEMS 技术以其微型化、批量制造等优势已经在诸多行业和科学技术领域实现了大量的突破性应用，不少国外研究机构开始致力于探索 MEMS 技术在摩阻测量方面的应用。

美国麻省理工学院率先开展了用 MEMS 摩阻传感器技术研究湍流边界层发展机理[126]，利用复合材质铝表面微刻技术内置差分电容，感受元件浮动的位移从而获得表面摩阻的大小，如图 2-132 所示。后来在此研究基础上发展基于压阻浮动元件的传感器装置[127,128]，利用聚合物压铸加工，增大表面摩阻的测量范围（1~100 kPa），采用电路补偿试验环境带来的影响，开创了化学蚀刻工艺对于当时 MEMS 结构尺寸的突破。

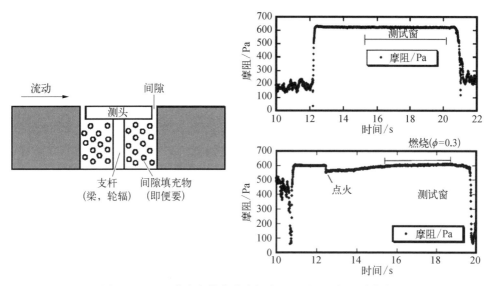

图 2-131   日本东京技术学院的摩阻天平原理与试验曲线

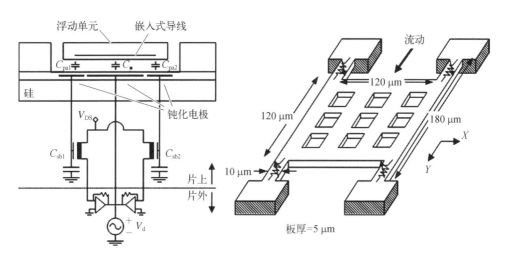

图 2-132   麻省理工学院研制差分电容式和压阻式 MEMS 摩阻传感器结构

　　美国佛罗里达大学报道了采用梳齿差分电容检测的 MEMS 摩阻传感器（图 2-133）[129,130]，校准试验表明：带宽可达 6.1 kHz，固有频率 4.2 kHz 时，分辨率 23 mV/Pa，最大测量范围 1.1 Pa。后来，对 MEMS 摩阻传感器设计进行了进一步优化并开展了风洞验证试验[131]，试验结果表明：MEMS 摩阻传感器测量范围 0～5 Pa，可用于低速（≤45 m/s）流场。

　　美国哥伦比亚大学开展了基于差分电容敏感原理的表面摩阻传感器研究[132]，如图 2-134 所示，采用晶圆键合和深反应离子刻蚀（deep reactive ion

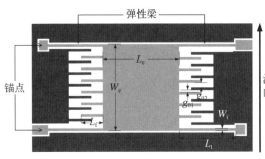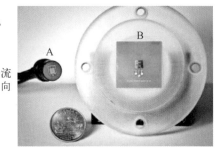

图 2-133 典型梳齿差分电容式 MEMS 摩阻传感器的结构原理及实物

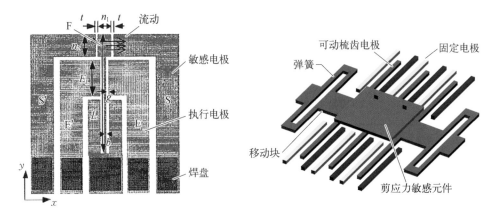

图 2-134 哥伦比亚大学研制的 MEMS 摩阻传感器结构

etching，DRIE）工艺制造，初步研究表明：测量范围 0.1~2 Pa，分辨率 0.05 Pa，不确定度 0.005 Pa，用于低速流场的表面摩阻测量；发展了基于 MEMS 表面层工艺和 SiC 材料的 MEMS 摩阻传感器[133,134]，测量范围 10~10 000 Pa，分辨率 10 Pa，响应时间 0.01~0.1 ms，用于亚声速流场的表面摩阻测量。美国塔夫茨大学开展了用于低速流场湍流边界层试验的 MEMS 摩阻传感器阵列研究[135]。

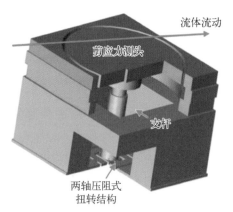

图 2-135 兰利研究中心的两轴 MEMS 摩阻传感器结构

2011 年，美国兰利研究中心提出一款立体式敏感结构的两轴 MEMS 摩阻传感器的设计方案[136]，其浮动单元通过支杆与带有压阻敏感元件的两轴万向节结构连接，敏感两个方向的表面摩阻，如图 2-135 所示。

这些 MEMS 摩阻传感器的主要特点是：敏感元件采用与待测壁面平齐的浮动元件，并且信号输出微结构也暴露于风洞流场内，主要应用于低速（静音）条件的表面摩阻测量，不适合高超声速条件的表面摩阻测量。

3. 油膜/液晶涂层测量技术

目前，基于面测量的非接触摩阻测量技术可用于飞行器全局表面摩阻测量，主要包括三类：剪切敏感液晶法（shear sensitive liquid crystal，SSLC）、油膜法（oil film）和表面应力敏感膜法（surface stress sensitive film，S3F），分别测量液晶层的颜色变化、油膜厚度（或荧光灰度）和聚合物薄膜的形变，进而解算出待测的表面摩擦阻力，图 2 - 136 是典型的采用荧光油膜测量表面摩阻分布原理图。

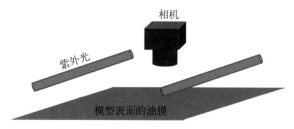

图 2 - 136　荧光油膜法摩阻测量原理图

剪切敏感液晶法[137-139]观测的是颜色变化，从颜色的变化来确定剪切应力的大小和方向，对于可靠的定量测量而言其数据分析非常复杂，而且由于强烈地依赖照明的反射角度和相机的观察角，普适标定非常困难。表面应力敏感膜[140,141]是一种相对新的表面摩阻全场测量技术，采用混有标记物的、类似于不可压流体的聚合体膜，受力后变形而不被压缩，通过横向变形和垂直变形来测量剪切应力和正压力，但两个方向变形存在一定的耦合干扰。因此，剪切敏感液晶和表面应力敏感膜测量技术不适用于摩阻定量测量。

基于油膜的表面摩阻测量技术是 Tanner 和 Blows[142]提出的，建立在检测薄油膜厚度的时空演化来测定表面摩阻的一种技术。Tanner 最初提出采用激光干涉仪在特定位置测量薄油膜厚度，然后发展了基于图像干涉法的油膜摩阻测量技术。干涉法为了获得必要的反射特性，试验模型必须具备由特殊材质制造的光滑反光表面，大多气动测试模型不能满足要求；另外，干涉法无法满足高分辨率、复杂表面摩阻分布的测量需求。

使用荧光油膜进行表面摩阻全局扩展测量技术最初由 Liu 和 Sullivan[143]提出，采用掺混有荧光分子的硅油作为荧光油膜。对于薄油膜，荧光灰度与油膜厚度成正比关系，油膜厚度测量可以转换为荧光强度测量。当油膜厚度转变为图像灰度后，薄油膜方程可以被投影到图像平面，建立表面摩阻和图像灰度的时空微分方程，对油膜摩阻方程进行简化处理后即可求解出待测量的表面摩阻。

4. 压差摩阻测量技术

通过获取一对静止孔内的压力差，可以预测当地的壁面摩擦力。此技术的优势十分明显，其可以在不干扰流场的情况下测量，且易于生产。从原理上来说，Preston 管的压力系数测量对于压差摩阻测量具有借鉴意义，故本小节将先介绍 Preston 管的试验细节（图 2-137），再引入压差摩阻测量试验技术。

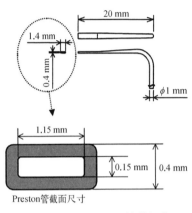

图 2-137　Preston 管的细节

美国在 NEXST-1 计划飞行试验之前，为验证边界层转捩测量系统，Preston 管等传感器和放大器按照 NEXST-1 上的实际情况，安装于风洞试验模型上进行测试。开展试验的风洞单位雷诺数和飞行条件下的相对接近，且均匀来流的压力脉动十分低，CP RMS＝0.04％。试验模型由部分的 Sears-Haack 体组成，其和 NEXST-1 的头部形状相同。图 2-138 为相应的试验结果和不同测量方式的对比[144]。对比可以看出，Preston 管对转捩位置的预测可靠。

Shaw 发现增大静压孔的直径，静压的测量精度将随之降低。他们认为这和边界层内的当地表面摩阻有关，且静压的测量值和孔的大小以及孔的倾角相关。Livesey 等的研究表明，为了避免孔过浅影响压力读取，孔的深/径比需要为 10。Onsrud 等[116]通过改变孔直径和前倾角，研究了此装置的敏感性。试验开展在光滑表面上，用一对静止孔测量二维零压力梯度湍流边界层摩阻。校正过的当地壁面剪切力是通过湍流边界层近壁面附近的平均速度型来判定的。研究表明，这对静止孔对工艺技术中的非完美性非常敏感，而且需要通过单个校正来保证当地表面摩阻的精确测量。当前的校正试验是通过热线风速仪来实现。Onsrud 等的研究还表明，当孔的倾角大于 30°时（图 2-139），不值得推荐，而且越小的倾角能得到更大的压差，从而使得测量更敏感，但是从工艺角度考虑，过小的倾角将难以实现。

由于超声速飞行试验中表面摩阻测量具有技术难度高、易涉及核心技术的特点，相关已发表的文献资料有限。目前文献调研到的，有美国 NEXST-1 采用 Preston 管方法在超声速飞行试验中已开展了表面压力系数测量[144]，以研究边界层转捩问题；欧洲 EXPERT 采 K 型管压差摩阻传感器[145]，计划开展高超再入飞行试验。Preston 管具备测量摩阻的能力，而 K 型管是基于前者发展出来的技术，故认为美国 NEXST-1 飞行试验虽然开展的是表面压力系数测量，但是对摩阻测量也有借鉴意义。

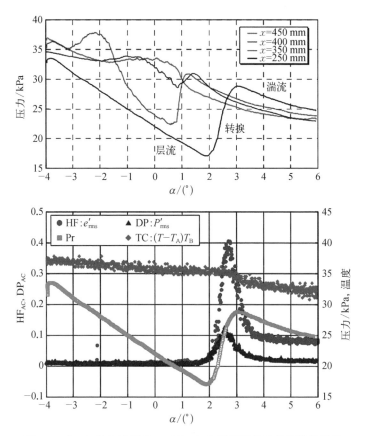

图 2-138　上图为采用 Sears-Haack 头部模型的边界层转捩测量
风洞试验结果，下图为四种转捩测量的相关性

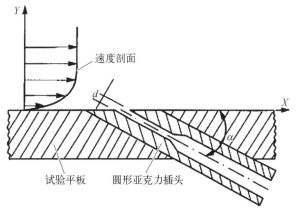

图 2-139　静压孔草图

超声速试验飞机飞行测试计划 NEXST‐1，旨在提升先进的空气动力学设计技术为下一代的超声速飞机（Supersonic Transport，SST）设计做准备[144]。飞机外形如图 2‐140 所示，其总体飞行试验计划如图 2‐141 所示。超声速巡航条件下的减阻是 NEXST‐1 空气动力学设计的一个目标。飞行试验中测得的飞行器空气动力学数据将用来验证空气动力学设计概念。通过使用 Preston 管，测量到的边界层转捩位置直接用于验证自然层流翼型设计概念。Preston 管应能够探测出边界层转捩位置。边界层转捩点的设计位置一般都比非设计点靠后。这个自然层流翼型设计概念可以在飞行试验中得到证明。

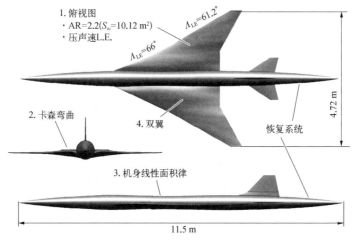

图 2‐140　NEXST‐1 外形概图[144]

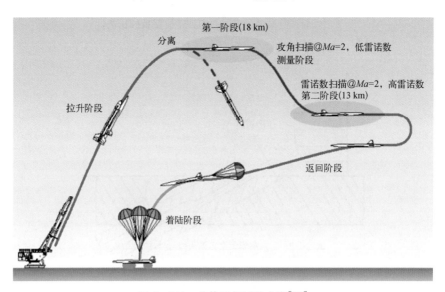

图 2‐141　总体飞行试验方案[144]

Preston 管测试系统被用于获取飞行试验中的高精度和高可信度边界层转捩位置。Preston 管测得的飞行试验结果分析肯定了自然层流翼型设计概念。同时，Preston 管的测量结果也与其他转捩测量传感器进行了比对。总共有 4 种传感器类型，包括热膜传感器（hot-film sensor，HF）、动态压力传感器（dynamic pressure transducer，DP）、热电偶（thermocouple，TP）、普雷斯顿管（Preston tube，Pr）。这些传感器被装于飞机表面，允许有小于 40 µm 的台阶，并且从翼端到流向呈 15°～20° 的倾角排布。这样上游的传感器不会干扰到下游的边界层，如图 2 - 142 所示。机翼上表面总共安装有 10 个 Preston 管，采用 Preston 管[144]，100∶1 的概率情况下，压力系数的预估总不确定度小于 ±0.011 5。一系列的系统检查措施用于保证此压力测量系统的高可信度。

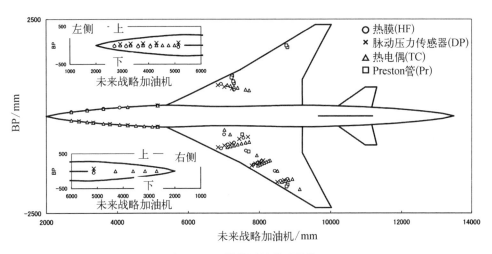

图 2 - 142　转捩测量传感器位置

EXPERT 计划的飞行速度为 5 km/s，如果试验成功，将认为其他更高的飞行速度，例如 6 km/s 也同样可以实现[23]。摩阻测量被认为是一项关键性技术，此计划将验证一种压差类摩阻测量装置。

如图 2 - 143 所示，两个表面摩擦阻力测量装置安装于控制舵前的曲面上，用于研究边界层流动。每个测量装置包括两个绝对压力传感器。其中，一个垂直于物面，另外一个与表面成一定倾角，如图 2 - 144 所示。高超情况下，此项设计等同于采用 Preston 管类的摩阻测量传感器，面对更低的热流环境，对流场测量干扰较小。其压力管道嵌入铜质量热计内部。量热计可以同时测量相应位置的热流，从而能实现高超飞行条件下对雷诺相似准则的研究。更进一步的是，因为采用的是绝对压力传感器，此测量还能和相应传感器部位的静压相关联。

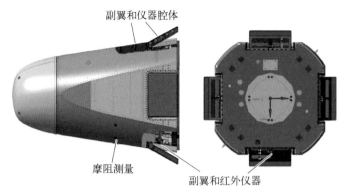

图 2-143 表面摩阻测量装置安装位置

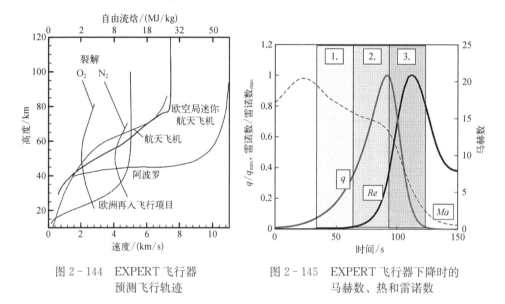

图 2-144 EXPERT 飞行器
预测飞行轨迹

图 2-145 EXPERT 飞行器下降时的
马赫数、热和雷诺数

图 2-144 显示了 EXPERT 飞行器的预测飞行轨迹。飞行再入点始于100 km 高度,5 km/s 速度,$-5.5°$飞行路径角。因为大概为 1 000 kg 的高轨道参数,飞行器在有效负加速度发生前,将深入大气层内部。最大的负加速度为 16 m/s²,大致在高度 34 km 时达到最大热流 1.8 MW/m²。下降时的马赫数、热和雷诺数见图 2-145。

EXPERT 中采用的摩阻测量装置[145]主要是用于诊断滑移和稀薄流区的物面流场,同样可以用于层流连续流区。装置被嵌套在同一种铜材料中,保证两个测点腔体内的温度相同。该装置被认为可以作为滑移流传感器集成在 EXPERT 飞行器上。这种组合式的探测主要被设计用于物面流动诊断,适用于滑移和稀薄流域,也能用于层流连续流域。图 2-146 表明了不同流域情况下可以获得的量。

流动参数	滑移流区	连续流
表面压力		⊕
热流	⊕	⊕
表面粒子流	⊕	
滑移流速度	⊕	
摩阻		⊕

图 2-146　传感器可诊断内容

　　总之，常规摩阻天平技术是目前国外高超声速地面摩阻测量研究所采用的主要研究手段，具有一定的工程成熟度，部分满足工程应用；MEMS 摩阻测试技术主要应用于低速地面摩阻测量研究；液晶涂层和油膜等非接触测量方法需要测量涂层厚度变化等与表面摩阻相关的物理量，可以测量全局表面摩阻，一般不破坏待测壁面流动特性，但需要进行假设推理，且易受各种干扰因素的影响，在高超声速风洞应用有所尝试，但目前主要用于定性测量；压差等间接测量技术属于点测量，但需要经过合理假设，测量精度有所不足。

（三）国内发展水平

　　国内高超声速摩阻测量试验和应用研究刚刚起步，主要在地面试验中开展，包括常规摩阻天平技术、MEMS 摩阻测量技术以及油膜/液晶涂层测量技术等，国内飞行试验尚未开展摩阻测量技术研究。

　　中国航天空气动力技术研究院先后开展了常规摩阻天平、液晶涂层和荧光油膜摩阻测量技术研究。他们采用常规摩阻天平技术开展点测量研究[109,146]，研制了摩阻天平和平板模型测量装置，在风洞中进行了压缩拐角运动和乘波体模型摩阻测量试验，如图 2-147 所示。给出了几台天平的风洞试验数据及其自重修正和温度修正结果，给出了试验的不确定度结果（5%～12%）。

　　液晶涂层光学测试方法[108,147]在 FD-07 风洞中对后掠角为 75° 的三角翼标模进行了表面摩阻测量实验研究，如图 2-148 所示，给出了 $Ma=5$ 时 0° 和 10° 攻角下的测量结果，给出了三角翼表面摩阻矢量分布，证明液晶技术可作为一种常规高超声速风洞表面摩阻测量和流态诊断手段。

　　探索了荧光油膜进行全局表面摩阻分布的直接测量方法[148]，建立了表征荧光油膜厚度与表面摩阻之间关系的油膜控制方程，引入附加约束和积分最小化方法，采用变分迭代方法求解表面摩阻分布；研制了可用紫外光激发的荧光油膜，采用紫外光源和高分辨率 CCD 相机建立荧光油膜表面摩阻测量硬件系统。针对特定的三角翼模型进行了表面摩阻分布测量实验，获得了高分辨率的表面摩阻分布和相对幅值分布，实验结果与理论分析一致，如图 2-149 所示。

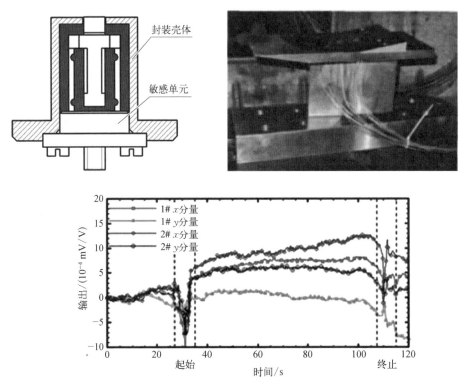

图 2 - 147　中国航天空气动力技术研究院研制的摩阻天平、压缩拐角试验装置和摩阻测量曲线

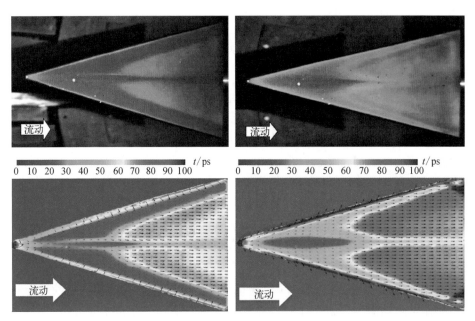

图 2 - 148　中国航天空气动力技术研究院发展的液晶涂层摩阻测量照片及剪应力矢量分布结果

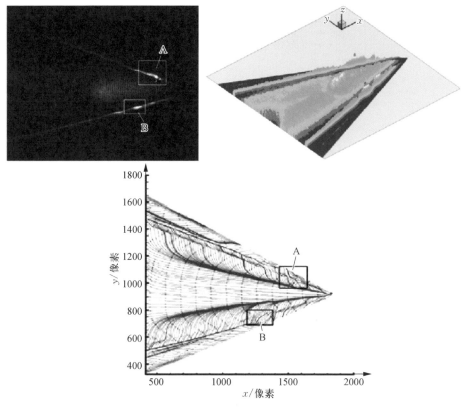

图 2-149 中国航天空气动力技术研究院发展的荧光油膜摩阻测量照片及结果比较

中国空气动力研究与发展中心高速所先后与南京航空航天大学、西北工业大学等联合开展 MEMS 摩阻测量技术以及表面油膜摩阻测量技术研究。采用 MEMS 梳齿电容摩阻传感器在跨声速风洞测量表面摩擦阻力[110,149,150]，如图 2-150 所示。风洞验证试验在 $Ma=0.3\sim0.6$ 范围内进行，测得的表面摩擦应力分布随 Ma 变化规律与可压缩层流/湍流估算值吻合较好。

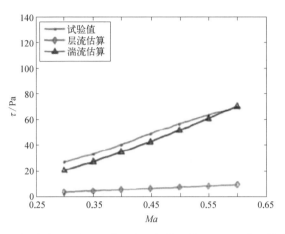

图 2-150 中国空气动力研究与发展中心高速所等研制的 MEMS 摩阻传感器与试验装置

在 φ0.5 m 常规高超声速风洞开展了表面油膜摩阻测量技术研究[107]，建立了高超声速风洞表面油膜摩阻测量试验装置，研究了干涉图像数据处理方法，开展了高超声速风洞油膜摩阻测量试验，获取了清晰的干涉条纹，平板模型表面摩阻测量结果与数值模拟结果一致，如图 2-151 所示。

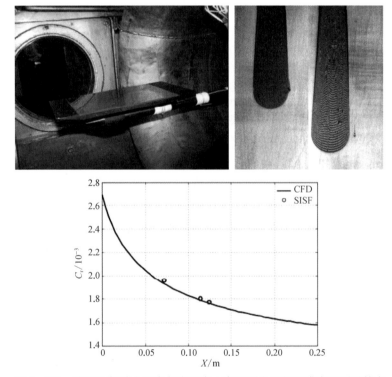

图 2-151 中国空气动力研究与发展中心高速所发展的油膜摩阻测量技术

中国空气动力研究与发展中心超高速所还先后发展了压电摩阻天平、MEMS 摩阻传感器等摩阻测量手段。常规压电摩阻天平[102,151] 如图 2-152 所示，在摩阻天平采用悬臂梁结构，在 0.6 m 激波风洞进行了马赫数 8、马赫数 10 平板模型试验，试验结果与理论计算比对数量级一致，试验结果不确定度范围 6.8%～14.4%。

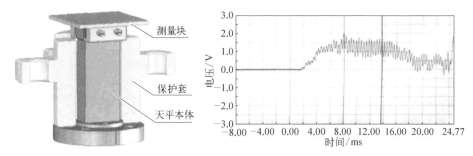

图 2-152　超高速所研制的压电摩阻天平结构及其测量曲线

研制了梳齿电容式 MEMS 摩阻传感器，并在 1 m 量级高超声速风洞开展了马赫数 6 的验证试验[152]，如图 2-153 所示，测量的稳定性和健壮性较差，大部分器件的梳齿结构被损坏，未获得完整的试验数据。

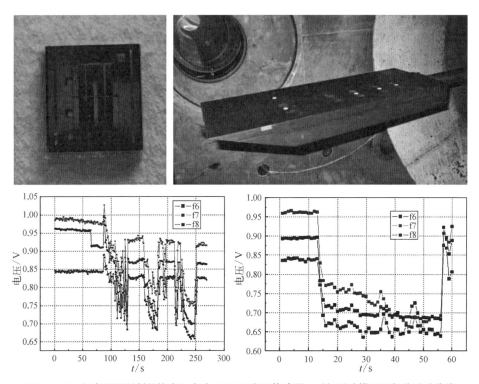

图 2-153　超高速所研制的梳齿电容式 MEMS 摩阻传感器、平板试验模型和部分试验曲线

综上所述，国内常规摩阻天平的体积较大、灵敏度较低、信号稳定性差，导致试验数据离散度大（重复性精度低）；现有 MEMS 摩阻传感器信号稳定性差、易损毁，不满足在高超声速条件下表面摩阻测量的工程应用。此外，油膜/液晶涂层摩阻测量技术也刚刚起步，目前主要是开展定性研究，尚不满足型号工程定量研究的应用需求。

（四）我国能力差距与技术瓶颈

（1）摩阻天平变形元件加工尺寸和精度不满足要求（受加工工艺限制），灵敏度低、信噪比差；未开展温度影响和温度控制研究，测量数据离散度大（重复性精度低）。

（2）MEMS 摩阻测量研究对高超声速条件下摩阻测量困难认知不足，缺乏相应的健壮性和抗干扰设计，传感器信噪比差、易损毁，测量数据离散度大（重复性精度低）。

（3）未深入开展摩阻直接测量的不确定度机理研究，对摩阻测量的误差机理认知不够，未开展针对性设计。

（4）压差摩阻测量技术缺乏小量程、高精度的压差测量传感器，缺乏有效的标定手段，国内相关研究较少。

（5）飞行试验环境恶劣，摩阻测量技术难度大、成本高，国内尚未涉足。

（五）技术发展路线

（1）优化摩阻天平结构设计和加工工艺，缩小摩阻天平体积、提高摩阻天平灵敏度和信噪比，开展温度影响和温度控制研究，降低测量数据离散度（提高重复性精度）。

（2）优化 MEMS 摩阻传感器健壮性和抗干扰设计，提高 MEMS 摩阻传感器在高超流场内的生存能力和信噪比，降低测量数据离散度（提高重复性精度）。

（3）系统地研究摩阻直接测量的不确定度因素及影响规律，加深对摩阻测量误差机理的认知，开展提高摩阻测量准度的针对性设计。

（4）压差摩阻测量技术对湍流边界层摩阻的预测尚需完善相应理论。此技术的发展可以结合转捩点预测来联合研究。因为压差虽不能准确预测湍流边界层内摩阻，但是层流和湍流的压差有很大不同，可以用于直接预测转捩位置。这样能在预测转捩的时候，同时研究层流和湍流边界层下的压差摩阻测量技术。

（5）积极探索飞行试验中压差摩阻测量器件与技术，联合工业部门开展飞行搭载试验。飞行试验中，湍流边界层的状态也占有很大比例，通过相应的数值模拟，可以研发湍流情况下的压差和摩阻的转化关系，从而扩展其测量装置的应用范围。

七、小结

本章从飞行器表面参数相关的温度、热流、压力、摩阻，以及流场参数相关的电子密度、热化学特性（光谱）和大气环境数据等测量技术方面逐个梳理了国内外的发展水平和我国的能力差距。集中主要表现在以下几个方面。

（1）我国仅在温度/热流/压力参数方面开展了初步飞行测试技术应用，但精度、灵敏度、频响、量程等指标尚不能满足解决科学问题和工程问题的需求，与国外水平差距也较大。同时多型号传感器缺乏统一的接口、协议、规范，急需建立相应标准。而在嵌入式大气数据系统、电子密度测试技术、光谱测试技术和摩阻测试技术的飞行试验应用方面，我国几乎处于空白，这从根本上限制了我国基础科学问题研究和飞行器创新发展的动力。

（2）几乎每种测试技术都存在核心器件依赖进口的现象，比如高性能传感器、耐高温材料、光敏/压敏/温敏芯片、解调芯片等。而从事飞行试验和测试技术配套的单位都具有一定敏感性，引进或采购往往需要其他单位进行掩护，进口渠道不畅。在当前以美国为首的西方国家对我国进行科技封锁日益严厉的形势下，先进测试技术的发展面临极大受阻风险。

（3）我国在测量技术及其与高超声速流动相融合的理论研究方面非常薄弱。由于高超流动十分复杂，对于某个现象的测量往往属于间接测量，有些还存在传感器与流动现象相互耦合的问题，使得飞行试验测量能力的发展不单纯是传感器或测量技术自身的发展，而是需要与高超声速流动现象分析进行紧密联系，加强跨学科、跨领域协同融合发展。

（4）航天再入飞行测试技术市场需求小，但是攻关难度大，缺乏持续投入的研发激励机制。而且以往飞行试验中，总体部门出于保密原因，飞行测试数据难以共享，致使测试技术缺乏反馈-迭代-改进的机制，进一步掣肘了技术的发展进步。

◇ 主要参考文献 ◇

［1］Woollard B A，Braun R D，Bose D. Aerodynamic and aerothermal TPS instrumentation reference guide ［R］. ARC－E－DAA－TN27563，2016.

［2］Neumann R D，Erbland P J，Kretz L O. Instrumentation of hypersonic structures-A review of fast applications and needs of the future ［C］. San Antonio：23rd Thermophysics，Plasmadynamics and Lasers Conference，1998.

［3］Vojvodich N S. PAET entry heating and heat protection experiment ［C］. San Antonio：

AIAA/ASME/SAE 13th Structures, Structural Dynamics, and Materials Conference, 1972.

[4] Herdrich G, Lein S, Preci A, et al. The flight of EXPERT: Assessment of nonequilibrium effects with IRS payloads PYREX, PHLUX and RESPECT [C]. Honolulu: 42nd AIAA Thermophysics Conference, 2011.

[5] Kurotaki T. Construction of catalytic Model on SiO$_2$-based surface and application to real trajectory [C]. Denver: 34th Thermophysics Conference, 2000.

[6] Deutschmann O, Riedel U, Warnatz J. Modeling of nitrogen and oxygen recombination on partial catalytic surfaces [J]. Journal of Heat Transfer, 1995, 117 (2): 495-501.

[7] Seward W A, Jumper E J. Model for oxygen recombination on silicon-dioxide surfaces [J]. Journal of Thermophysics and Heat Transfer, 1991, 5 (3): 284-291.

[8] Willey R J. Comparison of kinetic models for atom recombination on high-temperature reusable surface insulation [J]. Journal of Thermophysics and Heat Transfer, 1993, 7 (1): 55-62.

[9] Kovalev V L, Suslov O N. Simulation of the interaction between partially-ionized air and the catalytic surface of high-temperature reusable thermal insulation [J]. Fluid Dynamics, 1996, 31 (5): 775-784.

[10] Scott C D. Catalytic recombination of nitrogen and oxygen on high-temperature reusable surface insulation [C]. Snowmass: 15th Thermophysics Conference, 1980.

[11] Voinov L P, Zalogin G N, Lunev V V, et al. Comparative analysis of laboratory and full-scaledata on the catalyticity of the heat shield for the Bor and Buran orbital vehicles [J]. Cosmonautics and Rocket Production, 1994 (2): 51-57.

[12] Baronets P N, Kolesnikov A F, Kubarev S N, et al. Superequilibrium heating of the surface of a heat-shield tile in a subsonic jet of dissociated air [J]. Fluid Dynamics, 1991, 26 (6): 437-443.

[13] Kovalev V L, Kolesnikov A F. Experimental and theoretical simulation of heterogeneous catalysis in aerothermochemistry (a review) [J]. Fluid Dynamics, 2005, 40 (5): 669-693.

[14] 王国林, 曲杨, 陈德江, 等. 高超声速飞行器热防护系统防热材料表面催化特性对气动加热影响的研究 [C]. 绵阳: 中国第一届近代空气动力学与气动热力学会议, 2006.

[15] 董维中, 乐嘉陵, 刘伟雄. 驻点壁面催化速率常数确定的研究 [J]. 流体力学实验与测量, 2000, 14 (3): 1-6.

[16] 林烈, 吴彬, 吴承康. 高温气流中材料表面催化特性研究 [J]. 空气动力学学报, 2001, 4 (19): 407-413.

[17] Odam J, Paull A, Alesi H, et al. HIFiRE 0 flight test data [C]. Bremen: 16th AIAA/DLR/DGLR International Space Planes and Hypersonic Systems and Technologies Conference, 2009.

[18] Stanfield S A, Kimmel R L, Adamczak D. HIFiRE-1 flight data analysis: Boundary layer transition experiment during reentry [C]. Nashville: 50th AIAA Aerospace Sciences

Meeting including the New Horizons Forum and Aerospace Exposition，2012.

［19］Gülhan A，Thiele T，Siebe F. Main achievements of the rocket technology flight experiment ROTEX－T ［C］. Xiamen：21st AIAA International Space Planes and Hypersonics Technologies Conference，2017.

［20］Smith T R，Bowcutt K G，Selmon J R，et al. HIFiRE 4：A low-cost aerodynamics，stability，and control hypersonic flight experiment ［C］. San Francisco：17th AIAA International Space Planes and Hypersonic Systems and Technologies Conference，2011.

［21］Juliano T J，Adamczak D，Kimmel R L. HIFiRE－5 flight test results ［J］. Journal of Spacecraft and Rockets，2015，52（3）：650－663.

［22］Eggers T，Longo J M A，Turner J，et al. The SHEFEX flight experiment — Pathfinder experiment for a sky based test facility ［C］. Canberra：14th AIAA/AHI Space Planes and Hypersonic Systems and Technologies Conference，2006.

［23］Gülhan A，Siebe F，Thiele T，et al. Instrumentation of the SHEFEX－Ⅱ flight experiment and selected flight data ［C］. Tours：18th AIAA/3AF International Space Planes and Hypersonic Systems and Technologies Conference，2012.

［24］Ottens H，Walpot L，Cipollini F，et al. Aerodynamic environment and flight measurement techniques of EXPERT ［C］. Canberra：14th AIAA/AHI Space Planes and Hypersonic Systems and Technologies Conference，2006.

［25］Herdrich G，Kurtz M A，Fertig M，et al. The in-flight sensor systems PYREX，PHLUX and RESPECT for the capsule EXPERT ［C］. San Francisco：9th AIAA/ASME Joint Thermophysics and Heat Transfer Conference，2006.

［26］Muylaert J M，Ottens H，Walpot L，et al. EXPERT aerothermodynamic flight instrumentation environment and integration ［C］. Valencia：57th International Astronautical Congress，2006.

［27］Hald H A K M，Koppenwallner G，Speckmann H D. German reentry experiments on "EXPRESS" ［C］. Jerusalem：45th Congress of the International Astronautical Federation，1994.

［28］Chen F J，Berry S A. HyBoLT flight experiment ［R］. Virginia：Langley Research Center Hampton，NASA/TM－2010－216725，2010.

［29］Bertelrud A G，de la Tova G，Hamory P J，et al. Pegasus wing-glove experiment to document hypersonic crossflow transition — Measurement system and selected flight results ［C］. Reno：38th Aerospace Sciences Meeting and Exhibit，2000.

［30］Smart M K，Hass N E，Paull A. Flight data analysis of the HyShot 2 Scramjet flight experiment ［J］. AIAA Journal，2006，44（10）：2366－2375.

［31］Kuntz D W，Potter D L. Boundary-layer transition and hypersonic flight testing ［J］. Journal of Spacecraft and Rockets，2008，45（2）：184－192.

［32］王臻，张彦军，雷武涛，等. 嵌入式大气数据传感系统研究进展 ［J］. 航空工程进展，2018，9（3）：309－315.

［33］丁智坚，周欢，吴东升，等. 嵌入式大气数据测量系统技术研究进展 ［J］. 宇航学报，

2019，40（3）：247-257.

[34] 柏楠，时兆峰，苑景春，等．嵌入式大气数据传感技术研究［J］．飞航导弹，2010（8）：79-85.

[35] 陈广强，刘昊月，豆修鑫，等．超声速飞行器 FADS 系统实时解算设计与验证［J］．空气动力学学报，2018，36（4）：561-570.

[36] 黄喜元，陈洪波，朱如意．高超声速飞行器嵌入式大气数据获取技术研究［J］．导弹与航天运载技术，2017（3）：58-64.

[37] 温瑞珩，郑守铎，叶玮．嵌入式大气数据传感技术的发展现状［J］．电光与控制，2008，15（8）：53-56.

[38] 王鹏，金鑫，张卫民．钝头机体用嵌入式大气数据传感系统的解算精度研究［J］．力学与实践，2016，38（3）：255-261.

[39] 陈广强，王贵东，陈冰雁，等．高超声速飞行器 FADS 算法研究［J］．飞机设计，2015，35（6）：1-7.

[40] 姜杨，张磊，黎明．嵌入式大气数据传感系统测压孔布局研究［J］．宇航计测技术，2016，36（6）：56-60.

[41] 任雪皎，魏凤娟，马洪忠．临近空间飞行器大气传感关键技术研究［J］．战术导弹技术，2014（1）：22-26.

[42] Chen G，Chen B，Li P，et al. Study on algorithms of flush air data sensing system for hypersonic vehicle［J］. Procedia Engineering，2015（99）：860-865.

[43] 马航帅．基于虚拟大气的大攻角大气数据估计技术研究［D］．南京：南京航空航天大学，2012.

[44] 王鹏，金鑫，张卫民，等．钝头机体用 FADS 系统的校准［J］．实验流体力学，2016，30（2）：97-102.

[45] 王鹏，金鑫，张卫民．应用于 X-43A 飞行器的 FADS 系统风洞试验研究［J］．飞航导弹，2013（10）：9-16.

[46] Carpenter C N，Deaton C J. Development of a flush air data system for the SpaceX Dragon crew capsule［C］. Kissimmee：2018 AIAA Aerospace Sciences Meeting，2018.

[47] Artz E J，Dona N W，Yechout T R. NASA Orion flush air data sensing system feasibility determination and development［C］. National Harbor：52nd Aerospace Sciences Meeting，2014.

[48] 王鹏，金鑫，张卫民．FADS 系统在各型号飞行器中的应用［J］．飞航导弹，2013（2）：75-79.

[49] 秦永明，张春，董金刚．嵌入式大气数据传感系统风洞标定试验研究［J］．空气动力学学报，2015，33（4）：488-492.

[50] 陈广强，豆修鑫，杨云军，等．吸气式空空导弹 FADS 系统标定研究［J］．实验流体力学，2018，32（5）：89-95.

[51] 陈广强，王贵东，陈冰雁，等．低成本飞行试验平台的 FADS 技术研究［J］．宇航学报，2015，36（10）：1195-1202.

[52] Tate A，Fuller P W W，Wall C R. Double Langmuir probes for hyper-velocity wakes［J］.

IEEE Transactions on Aerospace and Electronic Systems，1967，AES‐3（2）：309‐320.

[53] Gdgne M, Gatsonis N A, Blandio J, et al. Analysis of triple Langmuir probe measurements in the near-exit region of a gas-fed pulsed plasma thruster ［C］. Los Angeles：35th Joint Propulsion Conference and Exhibit，1999.

[54] Eckman R，Byrne L，Gatsonis N A，et al. Triple Langmuir probe measurements in the plume of a pulsed plasma thruster ［J］. Journal of Propulsion and Power，2001，17（4）：762‐771.

[55] Gatsonis N A，Byrne L T，Zwahlen J C，et al. Current-mode triple and quadruple Langmuir probe methods with applications to flowing pulsed plasmas ［J］. IEEE Transactions on Plasma Science，2004，32（5）：2118‐2129.

[56] Brown D, Beal B, Blakely J. Experimental assessment of double Langmuir probe analysis techniques in a hall thruster plume ［C］. Atlanta：48th AIAA/ASME/SAE/ASEE Joint Propulsion Conference and Exhibit，2012.

[57] Sekerak M，McDonald M，Hofer R，et al. Hall thruster plume measurements from high-speed dual Langmuir probes with ion saturation reference ［C］. Big Sky：2013 IEEE Aerospace Conference，2013.

[58] Akey N D, Cross A E. Radio blackout alleviation and plasma diagnostic results from a 25 000 foot per second blunt-body reentry ［R］. NASA‐TN‐D‐5615，1970.

[59] Grantham W L. Flight ftesults of a 25000-foot-per-second reentry experiment using microwave reflectometers to measure plasma electron density and standoff distance ［R］. NASA‐TN‐D‐6062，1971.

[60] Huber P W, Evans J S, Schemayder C J. Comparison of theoretical and flight-measured ionization in a blunt body re-entry flow field ［J］. AIAA Journal，1971，9（6）：1154‐1162.

[61] Heaney J B. Results from the ATS‐3 reflectometer experiment ［C］. San Francisco：4th Thermophysics Conference，1969.

[62] Hayes D T，Rotmant W. Microwave and electrostatic probe measurements on a blunt re-entry vehicle ［J］. AIAA Journal，1973，11（5）：675‐682.

[63] Greendyke R B, Gnoffo P A, Lawrence R W. Electron number density profiles for the aeroassist flight experiment ［C］. Reno：30th Aerospace Sciences Meeting and Exhibit，1992.

[64] Seals J, Fordham J A, Pauley R G, et al. Microwave reflectometer ionization sensor ［R］. NASA‐CR‐191464，1993.

[65] Ito T, Takaki R, Teraoka K. Measurement of plasma electron density around HYFLEX vehicle using radio wave cut-off ［C］. Albuquerque：29th Plasma Dynamics and Lasers Conference，1998.

[66] Cipollini F, Muylaert J M. European activities on advanced flight measurement techniques for hypersonic space vehicles ［C］. San Francisco：25th AIAA Aerodynamic Measurement Technology and Ground Testing Conference，2006.

[67] 牛家玉，于明．再入飞行器湍流尾迹流场地研究 [J]．力学学报，2002，34（1）：9-17．

[68] 于明，牛家玉．高超声速尾迹雷达散射湍流场研究中心 [J]．空气动力学学报，2000，18（2）：222-228．

[69] 于明，牛家玉．再入尾迹湍流对雷达散射截面影响分析 [J]．计算物理，2002，19（6）：501-506．

[70] 彭世谬，高巍，牛家玉．湍流等离子体尾迹雷达散射截面的计算及其影响因素的分析 [J]．空气动力学学报，2005，23（1）：103-107．

[71] 朱方．返回舱再入段雷达散射特性研究 [D]．兰州：兰州大学，2007．

[72] 郭志梅．利用天气雷达网监测神七返回舱试验及基于精细风场的神七伞降轨迹预测研究 [D]．南京：南京信息工程大学，2011．

[73] 唐国剑，竺乃宜．高温激波管中电波传输特性的实验研究 [C]．黄山：第十四届全国激波与激波管学术会议，2010．

[74] 竺乃宜，李学芬．激波管用于磁等离子体中电波传输的研究 [J]．气动实验与测量控制，1993，7（3）：69-74．

[75] 关燚炳，王世金，梁金宝，等．基于探空火箭的朗缪尔探针方案设计 [J]．地球物理学报，2012，55（6）：1795-1803．

[76] Tong W M, Jin X J, Li Z W, et al. The research of measuring plasma parameters with internal double Langmuir probe in galatea [C]. Macau: 2016 Eighth International Conference on Measuring Technology and Mechatronics Automation (ICMTMA), 2016.

[77] 李文秋，王刚，相东，等．等离子体鞘层中朗缪尔探针吸收离子电流理论的数值模拟 [J]．真空科学与技术学报，2016，36（11）：1271-1278．

[78] Muntz E P. The electron beam fluorescence technique [J]. AGARD Dograph, 1968, 132: 1-124.

[79] Muylaert J M, Ottens H, Walpot L, et al. Flight measurement technique developments for EXPERT, the ESA in flight aerothermodynamic research programme [C]. Vancouver: 55th International Astronautical Congress, 2004.

[80] Nomura S, Takayanagi H, Fujita K. Spectroscopic investigation on anomalous heating in free piston shock tunnel HIEST [C]. Atlanta: 11th AIAA/ASME Joint Thermophysics and Heat Transfer Conference, 2014.

[81] Park C S, Newfield M E, Fletcher D G, et al. Spectroscopic measurements of shock-layer flows in an arcjet facility [J]. Journal of Thermophysics and Heat Transfer, 1999, 13 (1): 60-67.

[82] Winter M W, Trumble K A. Spectroscopic observation of the stardust re-entry in the near UV with SLIT: Deduction of surface temperatures and plasma radiation [C]. Miami: 39th AIAA Thermophysics Conference, 2007.

[83] Ritter H. Airborne re-entry observation experiment SLIT: UV spectroscopy during STARDUST and ATV1 re-entry [J]. CEAS Space Journal, 2011 (1): 59-69.

[84] Vancrayenest B, Fletcher D G. Emission spectroscopic survey of graphite ablation in the VKI plasmatron [C]. San Francisco: 9th AIAA/ASME Joint Thermophysics and Heat

Transfer Conference，2006.

[85] Kozue K，Kumakawa G，Namba S，et al. Spectroscopic measurement of shock waves in an arcjet plasma expanding through a conical nozzle［J］. Plasma Science and Technology，2013，15（2）：89 - 92.

[86] Williams W D，Hornkohl J，Lewis J. Electron beam probe for a low density hypersonic windtunnel［R］. AEDC - TR - 71 - 61（AD - 727004），1971.

[87] Sukhinin G I. A spacial distribution of parameters of diagnostic electron beam［C］. Novosibirsk：6th All Union Conference on Rarefied Gas Dynamics，1979.

[88] Korobeynikov Y A，Mironov S G，Pudovkin A V. Velocity measurements of nitrogen flow by afterglow marks in hypersonic wind tunnel［Z］，1985.

[89] Orlova Z T. Measurement of the local velocity of rarefied gas streams with electron beam ［Z］. TsAGI Uchenye Zapiski，1988.

[90] Gochberg L A. The electron beam fluorescence technique in hypersonic aerothermodynamics［J］. Progress in Aerospace Sciences，1994，33（7 - 8）：431 - 459，461 - 480.

[91] Mohamed A K. New trends in instrumentation for hypersonic research［M］. Dordrecht：Springer，1993.

[92] Diop B，Bonnet J，Schmid T，et al. Compact electron gun based on secondary emission through ionic bombardment［J］. Sensors，2011，11（5）：5202 - 5214.

[93] 林鑫，陈连忠，董永晖，等. 发射光谱诊断电弧加热器漏水故障的试验研究［J］. 实验流体力学，2016，30（4）：14 - 19.

[94] 林鑫，余西龙，李飞，等. 基于 CN 自由基的火星再入流场温度测量［J］. 力学学报，2014，46（2）：201 - 208.

[95] 张秀杰，林烈，吴彬. 高频感应等离子体风洞的光谱诊断［J］. 空气动力学学报，2001，19（1）：123 - 127.

[96] 沈岩，赵文华，石泳，等. 发射光谱测量电弧加热发动机羽流温度［J］. 推进技术，2005，26（1）：72 - 75.

[97] 孙美，许毅，陈艳虹，等. 被动式 FTIR 光谱测试固体推进剂羽流红外辐射特性［J］. 红外与激光工程，2015，44（S）：17 - 22.

[98] 叶希超. 电子束技术测量低密度风洞氮气流振动温度、转动温度及数密度［J］. 气动实验与测量控制，1989，3（1）：71 - 77.

[99] 林贞彬，朱进生，郭大华，等. 用于高超声速流场测试的电子束荧光技术［J］. 电子测量与仪器学报，1992，6（4）：5.

[100] 林贞彬，朱进生. 电子束荧光技术用于测量高超声速飞行器流场密度［J］. 气动实验与测量控制，1993，7（4）：5.

[101] Silvester T B，Morgan R G. Skin-friction measurements and flow establishment within a long duct at superorbital speeds［J］AIAA Journal，2008，46（2）：527.

[102] 吕治国，李国君，赵荣娟，等. 激波风洞高超声速摩阻直接测量技术研究［J］. 实验流体力学，2013，27（12）：81 - 85.

[103] 樊星，姜楠. 用平均速度剖面法测量壁面湍流摩擦阻力［J］. 力学与实践，2005，27：

28 - 30.

[104] Head M R, Rechenberg I. The Preston tube as a means of measuring skin friction [J]. Journal of Fluid Mechanics, 2006, 14 (1): 1 - 17.

[105] Smits A J, Dussauge J P. Turbulent shear layers in supersonic flow 2nd ed [M]. New York: Springer, 2006.

[106] Chew Y T, Khoo B C, Lim C P, et al. Dynamic response of a hot-wire anemometer. Part Ⅱ: A flush-mounted hot-wire and hot-film probes for wall shear stress measurements [J]. Measurement Science and Technology, 1998, 9: 764 - 778.

[107] 代成果，张长丰，黄飓，等. 高超声速表面摩擦应力油膜干涉测量技术研究 [J]. 实验流体力学，2012，8 (4): 68 - 71.

[108] 陈星，毕志献，宫建，等. 基于剪敏液晶涂层的光学摩阻测量技术研究 [J]. 实验流体力学，2012，12 (6): 70 - 73.

[109] 马洪强，高贺，毕志献. 高超声速飞行器相关的摩擦阻力直接测量技术 [J]. 实验流体力学，2011，25 (8): 83 - 88.

[110] 梁锦敏，李建强，蒋卫民，等. MEMS 传感器测量平板表面摩擦应力高速风洞试验 [J]. 实验流体力学，2013，27 (2): 1 - 14.

[111] Schober M, Obermeier E, Pirskawetz S, et al. A MEMS skin-friction sensor for time resolved measurements in separated flows [J]. Experiments in Fluids, 2004, 36: 593 - 599.

[112] Preston J H. The determination of turbulent skin friction by means of Pitot tubes [J]. The Aeronautical Journal, 1954, 58 (518): 109 - 121.

[113] Stanton T E, Bryant D. On the conditions at the boundary of a fluid motion [J]. Proceedings of the Royal Society of London: Series A, Containing Papers of a Mathematical and Physical Character, 1920, 97 (687): 413 - 434.

[114] 王子延，邱平. Stanton-Tube 在测量流体壁面剪切力中的几个问题 [J]. 西安交通大学学报，1995 (11): 79 - 83.

[115] Hool J H. Measurement of skin friction using surface tubes [J]. Aircraft Engineering and Aerospace Technology, 1956, 28 (2): 52 - 54.

[116] Onsrud G, Persen L N, Saetran L R. On the measurement of wall shear stress [J]. Experiments in Fluids, 1987 (5): 11 - 16.

[117] Sang A K, Rolling A J, Schetz J A. A novel skin friction sensor for hypersonic flow [C]. San Francisco: 25th AIAA Aerodynamic Measurement Technology and Ground Testing Conference, 2006.

[118] Meritt R J, Schetz J A. Skin friction sensor for high-speed, high-enthalpy scramjet flow applications [C]. Cleveland: 50th AIAA/ASME/SAE/ASEE Joint Propulsion Conference, 2014.

[119] Meritt R J, Schetz J A, Marineau E C, et al. Direct measurements of skin friction at AEDC hypervelocity wind tunnel [C]. Kissimmee: 53rd AIAA Aerospace Sciences Meeting, 2015.

[120] Goldfeld M，Petrochenko V，Nestoulia R，et al. The direct measurement of friction in the boundary layer at supersonic flow velocities [C]. Kyoto：10th AIAA/NAL – NASDA – ISAS International Space Planes and Hypersonic Systems and Technologies Conference，2001.

[121] Goyne C P，Stalker R J，Paull A. Transducer for direct measurement of skin friction in hypervelocity impulse facilities [J]. AIAA Journal，2002，40（1）：42 – 49.

[122] Suraweera M V，Mee D J，Stalker R J. Skin friction reduction in hypersonic turbulent flow by boundary layer combustion [C]. Reno：43rd AIAA Aerospace Sciences Meeting and Exhibit，2005.

[123] Reddeppa P，Jagadeesh G，Bobji M S. Measurement of direct skin friction in hypersonic shock tunnels [C]. Reno：43rd AIAA Aerospace Sciences Meeting and Exhibit，2005.

[124] Vasudevan B. Measurement of skin friction at hypersonic speeds using fiber-optic sensors [C]. Capua：AIAA/CIRA 13th International Space Planes and Hypersonics Systems and Technologies Conference，2005.

[125] Tsuru T，Tomioka S，Kudo K，et al. Skin friction measurements in supersonic combustion flows of a scramjet combustor [C]. Hartford：44th AIAA/ASME/SAE/ASEE Joint Propulsion Conference and Exhibit，2008.

[126] Schmidt M A，Howe R T，Senturia S D，et al. Design and calibration of a microfabricated floating-element shear-stress sensor [J]. IEEE Transactions on electron devices，1988，36（6）：750 – 757.

[127] Ng K Y，Shajii J，Schmidt M A. A liquid shear-stress sensor using wafer-bonding technology [J]. IEEE/ASME Journal of MicroElectroMechanical Systems，1992，1：89 – 94.

[128] Goldberg H D，Breuer K S，Schmidt M A. A silicon wafer-bonding technology for micro-fabricated shear-stress sensors with backside contacts [R]. Solid-State Sensor and Actuator Workshop，1994：111 – 115.

[129] Horowitz S，Chen T，Chandrasekaran V，et al. A micromachined geometric moireinterferometric floating element shear stress sensor [C]. Reno：42nd AIAA Aerospace Sciences Meeting and Exhibit，2004.

[130] Chandrasekharan V，Sells J，Arnold D P，et al. Characterization of a MEMS based floating element shear stress sensor [C]. Orlando：47th AIAA Aerospace Sciences Meeting including The New Horizons Forum and Aerospace Exposition，2009.

[131] Chen T A，Mills D，Chandrasekharan V，et al. Optical miniaturization of a MEMS based floating element shear stress sensor with moire amplification [C]. Orlando：48th AIAA Aerospace Sciences Meeting Including the New Horizons Forum and Aerospace Exposition，2010.

[132] Zhe J，Farmer K R，Modi V. A MEMS device for measurement of skin friction with capacitive sensing [C]. Berkeley：2001 Microelectromechanical Systems Conference，2001.

[133] McCarthy M, Frechette L G, Modi V. Initial development of a MEMS wall shear stress sensor for propulsion applications [C]. Huntsville：Propulsion Measurement Sensor Development Workshop, NASA Marshall Space Flight Center, 2003.

[134] Tiliakos N, Papadopoulos G, Grady A O, et al. Preliminary testing of a MEMS based shear stress sensor for high speed flow applications [C]. St. Louis：22nd AIAA Aerodynamic Measurement Technology and Ground Testing Conference, 2008.

[135] Zhao Z X, Long K R, Gallman J, et al. Flow testing of a MEMS floating element shear stress sensor [C]. National Harbor：52nd Aerospace Sciences Meeting, 2014.

[136] Bajikar S, Scott M A, Adcock E E. Two-axis direct fluid shear stress sensor [P]. US Patent：US7921731B2, 2011.

[137] Reda D C, Wilder M C, Mehta R D, et al. Measurement of continuous pressure and shear distributions using coating and imaging techniques [J]. AIAA Journal, 1998, 36 (6)：895 – 899.

[138] Reda D C, Wilder M C. Shear-sensitive liquid crystal coating method applied through transparent test surfaces [J]. AIAA Journal, 2001, 39 (1)：195 – 197.

[139] Tomita T, Takahashi M, Takahashi M, et al. Visualization of the formation of separation bubbles on a bell-shaped nozzle surface inrelation to serious side-load [C]. Salt Lake City：37th Joint Propulsion Conference and Exhibit, 2001.

[140] Fonov S D, Jones G, Crafton J, et al. The development of optical technique for the measurement of pressure and skin friction [J]. Measurement Science and Technology, 2006, 17 (6)：1261 – 1268.

[141] Crafton J W, Fonov S D, Jones G, et al. Optical measurements of pressure and shear in a plasma [C]. Toronto：35th AIAA Fluid Dynamics Conference and Exhibit, 2005.

[142] Tanner L H, Blows L G. A study of the motion of oil films on surfaces in air flow, with application to the measurement of skin-friction [J]. Journal of Physics E：Scientific Instruments, 1976, 9 (3)：194 – 202.

[143] Liu T S, Sullivan J P. Luminescent oil-film skin friction meter [J]. AIAA Journal, 1998, 36 (8)：1460 – 1465.

[144] Kwak D Y, Yoshida K, Noguchi M, et al. Boundary layer transition measurement using preston tube on NEXST – 1 flight test [C]. Miami：25th AIAA Applied Aerodynamics Conferences, 2007.

[145] Muylaert J M, Ottens H, Walpot L, et al. Aerothermodynamic environmemt of EXPERT and flight measurement technique integration issues [C]. Fukuoka：56th International Astronautical Congress of the International Astronautical Federation, the International Academy of Astronautics, and the International Institute of Space Law, 2005.

[146] 马洪强，温昊驹. 高超声速摩擦阻力直接测量实验研究 [J]. 实验流体力学, 2016, 30 (3)：85 – 91.

[147] 陈星，毕志献，姚大鹏，等. 液晶涂层光学摩阻测量技术研究 [J]. 气体物理, 2011, 6 (3)：84 – 89.

［148］黄湛，王宏伟，魏连风，等．基于荧光油膜的全局表面摩阻测量技术研究［J］．空气动力学学报，2016，34（3）：373 - 378．

［149］屠恒章，李建强，明晓，等．基于 MEMS 传感器的高速风洞壁面剪切应力直接测量技术［J］．实验流体力学，2008，22（3）：94 - 97．

［150］丁光辉，马炳和，邓进军，等．浮动电容式剪应力微传感器结构设计解析模型［J］．实验流体力学，2017，31（3）：53 - 58．

［151］赵荣娟，吕治国，黄军，等．基于压电敏感元件的摩阻天平设计［J］．空气动力学学报，2018，36（4）：555 - 560．

［152］张德炜．Φ1 米高超声速风洞表面摩阻测量总结［R］．中国国防科学技术报告，2010．

第三章

协同创新的体制机制
瓶颈问题与案例分析

　　长期以来，我国的航天再入飞行测试等任务的每一步都是在国家统一领导和组织下完成的，大都是需要集中全国力量攻关的重大工程，是"国家意志"的体现。与政府性航天任务不同，商业航天需要以市场需求为导向。近年来，我国航天业正由以国防现代化为主的封闭化模式向"军民协同"的开放化、市场化、国际化模式转变。商业航天并不等同于民营航天，只要是不依赖政府投资，并以经营为目的的航天活动都可划入这一范畴。国有企业同样能在商业航天热潮中发挥重要作用。

　　本章内容针对飞行测试领域发展，分析近年来存在的问题、航天系统创新机制、体制转变等内容，参考国内外军民融合发展的成功经验以及国内联合创新模式经验，借鉴国内外民营航天的案例，给出启示与展望。

一、目前存在的问题

（一）飞行测试技术领域人才培养不足

　　飞行测试技术领域的人才决定着我国飞行试验测试的核心能力，能够增强我国航空航天工业在行业内的引领和带动作用。同时，在国家总体发展战略的指导下，飞行测试将瞄准新型航空、临近空间武器装备试验测试需求，聚焦飞行测试技术的专业化发展和系统性提升，逐步将我国的飞行测试技术提高到支撑航空航天工业发展、引领国防科技进步的水平，为我国飞行测试技术体系规划基础研究、前沿创新、人才培养、领域拓展等方面提供强有力的支撑，或将使我国跻身于世界先进航空测试国家行列。而现阶段，飞行测试技术领域内相关人才明显不足已经成为限制国内航空航天事业发展的重要因素。

　　飞行测试技术领域承担着在飞行器测试与测量载荷测试领域内从事设计、

制造、研究、开发与管理的重要任务。随着相关技术领域的快速发展、航空航天制造重大工程的实施，对飞行测试技术领域的人才提出了新的、更高的要求。在相关飞行测试技术没有普及的早期阶段，只有少数人才能从事飞行测试技术有关的活动。测试人才短缺的根源之一是教育体制改革的速度落后于飞行产业发展的速度[1,2]。目前的人才培养在支撑专业人才培养方面存在一些不足，最突出的问题包括如下几个方面：

（1）培养体系不尽合理，不能适应本专业人才培养的新要求。一方面，培养没有跟上当前的技术发展和需求步伐。飞行测试技术领域对专业人才培养提出了新的要求，如载荷测试设计高温高压高动态及强机动环境特点，以上知识内容在目前的课程体系中涉及较少，导致相关技术人员对这类知识的基础理论和工程应用掌握不足；另一方面，随着信息量的增加和传输速度的加快，有些培养内容间存在或多或少的内容重叠。因此，需要对飞行测试技术领域的培养体系和培养计划进行重新梳理和规划，使之更符合专业的发展趋势，更能满足相关企业对人才的需求[3]。

（2）先进的教学手段应用不充分，影响了培养效果。飞行测试技术领域专业课的特点是知识量大、培养进度快、与工程应用结合得非常紧密。但与之相反的是，目前培养的理论和文本较少，无疑，建设专业的信息化教学平台，通过网络工具加强交流，以及对教学资源的有效管理等方面具有重要意义。

（3）专业重视程度不足。优秀的飞行测试技术人才在航空航天行业炙手可热，但是目前很少有高校设置飞行测试技术专业，导致了需求量大却没人才的尴尬局面。目前我国本科院校航空航天类专业多以设计制造人才作为主要培养方向，开设飞行测试技术这类入职门槛相对较低专业的本科院校非常之少，招收相关专业方向研究生的高校更少。高等教育领域对于飞行测试技术人才培养的重视程度和投入力度远远不能满足行业对于人才的迫切需求。

（4）理论与实践脱节。高等院校人才培养过程中的理论与实践脱节，直接导致了人才的短缺。教学过程不能与企业实践深度结合。这一现象在飞行测试技术专业方向同样存在。要解决这一问题，可以借鉴美国的见习生制度，让学生利用假期将所学知识用于实践，培养自己的实践经验、协调能力和团队精神，奠定就业基础[4,5]。

（5）飞行测试技术人才培养层次方向划分不清。飞行测试技术行业要实现产业化发展，需要清晰的人才布局，不同层次的院校要定位不同层次或不同方向的人才培养目标。而目前普高院校和高职院校的教学计划、课程设置、培养方向大同小异，培养目标没有明显界限，结果就是培养的人才高不成低不就，导致飞行测试技术行业高端人才和低端人才都很匮乏。

（二）部门间缺乏有效融合沟通

现代社会是信息化的社会，沟通协作作为信息传递的媒介起到了越来越重要的作用，有效率的沟通协作也越来越受到重视。在企业内部也是如此。尤其是在企业分工细化、部门设置增多、组织结构趋于扁平化的情况下，跨部门沟通逐渐频繁，但是效率低下。部门之间沟通障碍主要存在以下几个原因[6]：

（1）企业专业化的分工导致的各部门工作目标的差异。分工的专业化是提高效率的有效途径，也是各部门进行划分的标准。企业的经营活动往往需要经过多个部门、环节的处理。虽然企业有整体上的目标，但划分到各个部门时，会因不同的侧重致使目标的差异性。

（2）公司内部没有形成有效沟通的机制。公司内部的沟通缺乏一个平台，由于受到部门内部各项繁琐事物的牵绊，部门之间的沟通往往不受重视，产生一系列的问题。可以说，建立一个有效的沟通机制是克服沟通障碍的根本的方法。企业中的部门之间，甚至是在部门的内部，由于成员缺乏沟通的意识，不利于跨部门的有效沟通的开展。

（三）我国航天国际合作的困难

进入21世纪，世界范围内掀起了经济全球化和高技术革命浪潮，发展航天领域两用技术则成为了当前世界各国，特别是发达国家，科技战略的重点和科技政策的核心。所谓两用技术包括：先为军用后转民用的军转民技术；先为民用后转军用的先进民用技术；从开发时即考虑适合军民两用的两用技术。

这三者的共同之处是都具有军民两用潜力，而非专用技术。其实质是高新技术在军用和民用领域的双向发展过程中，不仅能够聚集整个国家的高新技术成果用于武器装备发展，形成新的战斗力，而且可以使军工高技术向民用领域转移，推动传统产业改造和新兴产业崛起，形成新的经济增长点和生产力。同时，两用技术基础研究的横向进展可以提高本国基础科学研究水平。

正是由于航天技术具备两用技术的特点，因而在国际合作中的合作双方都对技术的转让与扩散及保密性抱着十分谨慎和敏感的态度。

高超声速技术作为国家重要战略性关键技术，其敏感性不言而喻。根据2018年美国国会通过的《出口管制改革法案》要求，美国商务部制定了针对关键技术和相关产品的出口管制体系框架，在其罗列的14类技术限制出口清单中，高超声速空气动力学就占据了一大类，比如其中的飞行控制算法、推进技术、热防护系统、用于结构和传感器的专用材料等均被限制出口[7]。而其他可能应用于航天领域相关的技术或产品对我国也极力限制，比如美国 Kulite、PCB 公司的压力传感器对我国航天单位完全禁售，即使欧洲的一些热流传感器对我们也只是开放低端产品。欧洲 EXPERT 项目先后寻求俄罗斯和我国的运载火箭，希望开展真实飞行试验，但都因担心技术扩散而未能落实。

二、航天协同创新机制、体制的转变

（一）从单一传统航天向传统航天、军民协同、商业航天并举的新格局转变

商业航天是以市场为主导，采用市场手段、运用市场机制、按照市场规律开展的航天活动，是航天事业发展到一定阶段（从军队政府应用到与大众应用相结合）的必然产物。商业航天活动要按市场规则配置技术、资金、人才等资源要素。以盈利为目的。商业航天的本质还是航天，其高投入、高风险的属性不会改变。因此，商业航天实际上是航天的产业、商业的手段。商业航天的最终指向是市场应用，形成成熟的商业模式。

近年来，我国航天力量建设已经开启了中国特色军民协同发展之路，尤其是在军民协同发展上升为国家战略之后，我国商业航天发展如火如荼，取得了显著成绩。据不完全统计，目前国内民营卫星企业达 50 余家，其中具备卫星研发能力的约 10 家，已有多颗卫星上天。商业火箭公司约 10 家，其中星际荣耀、蓝箭航天、零壹空间较具实力。商业火箭动力公司约 5 家。卫星、火箭发射测控运维公司约 6 家，其中天链测控、航天驭星初步具备测控能力。商业卫星应用公司更是不计其数。目前商业小卫星（含立方体卫星）在轨运行约 30 颗。上述企业共融资 20 余亿元。

"国家队"方面，航天科技集团组建了长征火箭公司，航天科工集团组建了科工运载火箭公司，长征十一号、快舟系列火箭开始进入商业发射领域；商业卫星领域，航天科技、航天科工、电科集团相继分别推出了"鸿雁""行云""网通"等低轨通信星座。

（二）航天服务对象的新变化

从服务国防、探索太空发展到服务民生、促进国民经济增长，已经从特定用户需求向市场多元化需求发展，由小众市场向大众市场转变。航天科技从技术专属向引领社会科技发展转变，与其他跨领域学科融合发展；航天技术与产品，将逐步实现技术专利市场化、产品货架式市场化。

政府、军方、科研机构等用户由特定专属采购转为从市场购买服务，国防装备体制已开始打破传统行业主导装备研制的固有格局，全方位引入了开放竞争机制。运载火箭从导弹专属技术向低成本进入空间技术发展，满足市场各类需求。

（三）发展商业航天是成为航天强国的必由之路

中央军民融合发展委员会第一次全体会议指出，要"推进新兴领域军民深度融合""推动重点领域军民协同发展取得实质性进展"。航天领域是军民协同发展的新兴领域和重点领域，习近平总书记指出，要把太空领域"作为军民协同的重点突出出来"，抓住契机，"向军民协同发展重点领域聚焦用力"。有效推进我国航天力量建设，必须加快形成航天领域全要素、多领域、高效益的军民商深度融合发展格局。商业航天作为技术创新性强、经济质量效益高且军民属性兼备的新兴业态，是我国经济发展极为重要的、新的增长极，是中国从航天大国向航天强国迈进的必由之路[8]。

三、国内外军民融合发展

近年来，美国、欧洲不断调整航天发展战略，不断深化和加强军民协同及商业航天发展，使军民商进一步发挥各自优势资源，以实现国家利益的最大化。

（一）美国商业航天发展和太空军民商融合的驱动力

美国商业航天发展和太空军民商融合，是一个逐步加强、逐步深入的过程，既有美国政府、军方、企业的共同作用，也有太空技术发展规律的影响，受到经济形态、战争形态、技术形态、政治形态等多重因素的合力驱动[9,10]。

经济利益驱动：太空环境的恶劣性、航天活动的复杂性、航天器要求的特殊性以及太空科技的前沿性等，决定了太空活动需要付出巨额费用，各航天国家都在不断投入资金，推进相应的研发、研制、发射、维护活动。同时，航天技术的成熟与发展，又展现出广阔的民用前景和商业价值。商业航天的发展对军方减轻经济负担、对商业公司拓展市场利益都有积极贡献。军、政、民、商在航天活动上有共同利益，从而驱动着商业航天的快速发展，也推动太空军、民、商力量走向深度融合。未来，将形成位于天地之间、低轨道区域、地月之间乃至更深远空间的多个太空经济带。

技术创新驱动：高新技术的扩散，使更多机构和人员能够参与航天活动。包括增材制造、新能源、碳纤维加工工艺，立方星等技术和标准的出现降低了航天制造的门槛，使航天器研制可以在更低成本、更小型化基础上进行。同时，传统航天技术的开放和转移，以及信息技术和新材料、新工艺的融合，推动了高端航天技术的进一步发展，为航天的商业化创造了条件。

军事需求驱动：随着美国军事行动对太空系统依赖程度的提高，特别是信息化战争对观测范围、图像分辨率、通信带宽、传输速率和导航覆盖等要求的急剧提高，其军用航天系统越来越难以独立满足军队全部需求。与之形成鲜明对比的是，得益于信息技术发展，民用商用航天技术与产品在规模和性能上都呈现出井喷式的进步。于是，美国开始考虑使用民商航天资源来补充和提升军事能力。军方主导的各项太空活动在依托民间和商业开发军用技术的同时，也给这些技术带来了潜在民用价值，这些价值经过开发后将会衍生出更多更有价值的新发现，从而推动太空科技的快速发展。

针对未来可能的太空军事对抗，美国开始强调太空系统的开放兼容性和一体化程度，把寓军于民发展太空力量作为规避国际法限制的重要策略。为适应未来太空作战需求，美国开始将太空资产分散布置在军、民、商等不同领域，进一步推动了商业航天发展和太空军民协同深度发展。

（二）美国在军民融合创新发展中的典型案例

1. 推进军民融合深度发展

美国许多商业航天项目（如高分辨率遥感卫星）实际上与保障美国国家安全和美国军方密切相关，但美国却并未因此裹足不前，而是通过制定法规和加强监管，让这些商业航天项目成为军民深度融合的范例。SpaceX 公司于 2015 年 5 月终获美国国家安全载荷发射资质，并于 2017 年 5 月用猎鹰-9 火箭成功完成了首次军用侦察卫星的发射任务，打破了联合发射联盟公司对美国政府有效载荷发射服务的长期垄断，成为第一家打入美国军用航天发射市场的商业航天公司。后来，SpaceX 公司的猎鹰-9 火箭还发射了美国空军的 X-37B 小型航天飞机。

2. 美国军方的 openNASA 众包平台

NASA 是美国众包的重点单位，而且 NASA 有一个众包的平台，把它的难题发布出来，悬赏让全世界的科学家来解决，这说明美国的军民融合跟上了研发众包时代的步伐。openNASA 是 NASA 建立的一个对外开放平台[11]，NASA 利用平台使其掌握的部分数据对公众开放，鼓励大众参与 NASA 的开放式研发，

NASA 通过开放平台发布需求，获取来自全球的外部创意。目前 openNASA 的开放方式是在平台上有一个空间应用挑战计划，鼓励全球的科研机构和个人运用开放资源，参与到 NASA 发布的挑战任务中，主要挑战范围有五大块，包括地球观察、空间技术、载人航天、机器人和小行星研究。最近的一个成功经验是，openNASA 发布了一个找到合适方法预测太阳活动产生的粒子风暴的挑战，悬赏 3 万美金，有 579 人参与了挑战，收到 14 份完整方案，最终一位半退休的无线电射频工程师的方案被采纳，而并非传统思路中解决问题所需要的太阳物理专业人才。

3. 国防采购向创业团队开放

乔治梅森大学知识产权公司和技术转移中心负责人、乔治梅森大学 Roger 教授 2015 年 1 月来长城企业战略研究所交流，他提出创新速度是美国创新问题的核心，创新速度的加快需要创业者参与到国防采购。乔治梅森大学曾做过一个软件工程方面有关军事实际需求的项目，用于验证快速创新周期对国防技术的促进作用。这个项目组建了 6 个创业实验小组，每个小组给 5 万美金预算，让他们聘请咨询师和其他所需资源。乔治梅森大学为 6 个创业团队组建了 6 个实验室，有 2 个小组做得不好，被解散，组员加入剩下 4 个小组，后来这 4 个小组进行接下来的 3 周实验。最后实验结果是 4 个小组都做出了很好的软件系统，都得到了风投支持，成立了公司，现在这 4 个公司成长得非常迅速。这样的实验就是为了用创业加速创新的进程，缩短周期。在过去，向大公司发放招投标是个很缓慢的过程，用的钱也很多。现在这种创业方式既缩短了时间，又节约了资金。

4. 美国第三大独角兽是军民融合企业

长城所在 2016 年年初宣布中关村出现 40 家独角兽。现在全球独角兽的情况是，硅谷 90 家，中关村 40 家，中国和美国独角兽最多。除此之外，全世界没有一个国家超过 10 家。

硅谷的第三大独角兽企业 Palantir 公司就是军民融合企业[12]。这家企业 2004 年成立于硅谷，现在估值超过 200 亿美元。公司创始人也是 PayPal 的联合创始人，是硅谷投资界教父级人物。Palantir 公司以大数据技术为核心，在前期起步阶段，政府咨询项目占公司业务收入的 70%，公司主要利用大数据分析技术为 CIA、FBI 等美国军方和保密机构定制开发软件，为客户提供大数据分析和信息搜索，后期在美国反恐过程中也发挥了很大作用。公司主要依靠定制软件、提供分析服务盈利，同时，美国政府机构利用其大数据技术进行数据分析。公司现在核心技术产品分两块，一块是国防、安保领域的大数据产品，另一块是金融、反窃取相关的数据分析产品。

（三）我国地方性军民融合创新案例

这里以陕西为例，近年来，航天基地大力实施军民融合创新工程，军民融合产业捷报频传。陕西军民融合创新研究院平台体系作为"西光所模式"在军民融合领域的新升级、新探索，通过搭建开放共享、先行先试、适度容错的平台体系，汇聚融合多方资源，释放发展创新动力，为"硬科技＋军民融合服务"提供有效支撑。

2016 年 11 月 28 日，航天基地联合西安市发展和改革委员会、中国科学院西安光学精密机械研究所，发起成立陕西军民融合创新研究院，研究院平台体系中的法人单位陕西科强军民融合创新研究院有限公司已于 2017 年 5 月 22 日在航天基地注册成立[13]。

目前，该研究院正在进行军民融合产业计量检测共享平台、空间精密运动部件研发评估平台、军民融合物联网＋电装平台、无人系统维保中心、自主可控军民融合元器件大数据平台、军民融合光电系统检测及试验中心、国家知识产权运营军民融合特色试点平台、军民融合中小企业公共服务平台 8 个子平台的建设，旨在通过打通关键产业节点，打造军民融合"硬科技"创业生态。随着研究院平台体系中基金支撑功能的完善，"研究院＋企业＋基金"的运作模式也有望在不久的将来实现研究院经营运作的"自造血"。

研究院通过组织相关专家论证研究陕西军工资源、产业基础，梳理军民融合核心技术，以核心技术企业为点，延展、补充产业链条，多个同领域产业链条形成产业集群。新产业链条、新业态集合，将为地方经济结构调整，经济建设提供支撑，同时也为国防科技建设、新型武器装备建设"增砖添瓦"。

研究院瞄准科研成果通往军民两用市场的关键节点，目前已经论证完成《空天地一体化军民融合物流保障体系》《建设军民融合遥感大数据共享体系》《关于建设军民融合产业计量检测共享平台的意见建议》等多个方案并启动产业布局。这些都有助于完善区域军民融合产业结构，拉动西安市千亿级军民融合相关产业发展。

由研究院承办的空间科技产业论坛已于 2017 年 11 月 25 日举行，来自空间科技产业和军民融合领域的专家学者、投资机构和企业代表等近 1 000 人齐聚一堂，共同探讨空间科技产业的现状与发展，并为推动军民融合深度发展建言献策。

软件定义卫星技术为普通人像使用共享单车一样共享卫星提供了无限可能，也将颠覆整个卫星制造工业。这种技术，就是研究院正在布局的技术。

研究院、软件定义卫星技术联盟、西安市标准化协会共建了软件定义卫星技术西安创新中心，中心依托西安丰富的航天技术资源，围绕软件定义卫星、卫星智能测运控、航天大数据、航天应用商店等领域，开展多样创新活动和相关的标准规范制定、宣贯与应用工作。

另外，研究院瞄准可能对未来军事变革产生重大影响的颠覆性技术、重大军民两用技术，超前谋划论证一批引领行业发展的重大项目。通过研究院智库，集合一批各领域专家，培育一批高科技"种子"。

航天基地作为军民融合示范园区承载单位，为研究院平台体系建设提供政策、技术、资本、物理空间等创新要素保障，加速各种要素的交流融合，推动形成政府、企业、社会良性互动的创新创业生态，促进军工经济和区域经济融合发展。

四、小结

航天再入飞行测试技术的发展需要多领域、多部门协同创新，本章从单独体制机制方面梳理了人才不足、协同共享、国际合作等方面的瓶颈问题，并试图从正在发展的航天协同创新机制、国内外军民融合、国内外商业航天等领域寻找突破航天再入飞行测试技术发展障碍的创新途径。

我们应当发展理论与实践相结合、研究与工程相结合、高校与院所相结合的创新人才培养模式，并鼓励政府和市场双轮驱动，增强社会资本准入，构建信息数据共享的创新机制。将中国60多年积累的技术体系、产品体系、人才体系等传统航天基础，通过激励机制，快速转化成商业航天产业链体系和人才模式，进行商业模式、研制流程、供应体系再造。国有企业对非国家重大工程项目应逐步进行商业化改造，打破传统的自我封闭研发生产体系，打破制约发展的传统供应链；打造适合商业特点的、面向单机的协同设计、系统集成模式，充分利用全社会的现代化供应链。

中国航天已走过了60多年的辉煌历程，从无到有，从小到大，从弱到强，成绩卓著，是我国科技实力的重要象征。在深化改革开放和军民协同的今天，更应该充分发挥全社会的力量，大力发展商业航天，努力赶超世界航天强国，加快航天强国建设，走上一条更加健康的自主可持续发展之路。

◇ 主要参考文献 ◇

[1] 张永合，卢葱葱，姚海勤. 事业单位专业技术人才多样化职业发展通道的实践与思考——以中科院A研究所为例 [J]. 管理观察，2015 (36)：22 - 24，29.

[2] 王英伟，李梅，贺彩玲，等. 典型军工研究所航天技术应用产业的产业化发展实践 [J]. 军民两用技术与产品，2015 (21)：28 - 31.

[3] 董慧，李晓维. 践行科教融合、贯穿产学研的创新人才培养——中国科学院计算技术研

究所的实践［J］. 软件工程，2017，20（7）：1-4.

［4］ 王磊. 从知识解析为本到基于学生认识发展　促进化学教学设计与实践向高水平跨越——北京师范大学化学教育研究所"高端备课"项目简介［J］. 化学教育，2010，31（1）：2.

［5］ 张琼. 以实践能力培养为取向的知识教学变革研究［D］. 武汉：华中师范大学，2011.

［6］ 刘孟彧，王慧. 航天研究所竞业限制的思考与实践［J］. 管理观察，2020（5）：32-33.

［7］ Chux. 美国商务部拟定出口技术管制条例，严格限制 AI、量子计算等关键技术［Z］. ATYUN 订阅号，2018.

［8］ 杨毅强，刘雨霏. 大力发展商业航天，推进航天强国建设［J］. 卫星与网络，2019（7）：16-26.

［9］ 商业航天国际发展环境分析［Z］. 北大纵横，2020-06-18.

［10］黄志澄. 美国商业航天发展的经验教训［Z］. 军鹰资讯，2019-02-15.

［11］易比，曾立. 知识耦合型协同创新模式研究——以 Open NASA 为例［J］. 科研管理，2020，41（5）：231-239.

［12］卢宝宜. 硅谷最神秘的大数据独角兽——Palantir［Z］. 寻找独角兽，2018-07-04.

［13］航天基地探索军民融合新模式 加速优化创新生态［Z］. 西安航天基地，2018-01-22.

第四章

瓶颈问题原因剖析与
自主创新发展战略

一、瓶颈问题原因剖析

（一）国内高技术制造能力不足而国外产品进口渠道受限

先进飞行测试技术急需的高精度传感器、耐高温材料、芯片、光电器件等往往因为国内产品性能较低甚至没有同类产品，只能依赖进口。比如美国 Kulite 公司的高频压力传感器在耐 400℃的同时，可达到几百 kHz 频率响应，国内同类产品中耐温可达 600℃但频响只有几十 Hz，而频响接近的产品耐温不超过 300℃；美国 MKS 公司微压力传感器精度达到 0.5%，最小量程 0～133 Pa，而国内同类产品的最小量程 0～1 kPa，精度约 1.8%，精度和最小量程指标差距较大；美国飞行试验使用的电子密度探针材料最高可以长时间承受 3 500℃的高温，国内则完全没有相关材料；广泛应用于光学测量中的 CCD 芯片国内尚无可替代产品，国际市场上也基本由东芝、滨松、索尼等日本企业垄断。此外，像热流传感器的高温辐射涂层材料、高温压力传感器的解调芯片和单片机、进行高温气体光谱辐射测量所需的高精度光谱仪、可调谐激光器、光电探测器等，几乎全部需要从欧美国家进口。

国外先进传感器或材料对我国军工和航天领域单位基本都是禁售的，在高超声速领域更加敏感。比如 2018 年美国《出口管制改革法案》就明确了可应用于高超声速领域的飞行控制算法、推进技术、防热系统、特殊材料和传感器等属于出口管制内容，2019 年美国商务部工业安全局公布了对华制裁的 36 家"实体名单"中也包括了多家航天相关的机构、企业和高校。除此之外，受美国"长臂管辖"和"最低限度联系"规则要求，我们向其他国家进口高科技产品同样受到影响，即使利用国内其他单位作为掩护身份，进口这些产品的国内供货商仍然面临着被美国制裁的极大风险，使得我们利用国外进口器件发展先进飞行测试技术的途径充满了不确定性。

因基础高技术制造能力不足，国内的替代产品与国外进口产品相比存在代差，加上高端测试传感器等基础器件设备受进口管制，极大限制了先进测试技术的创新发展。比如因缺乏高精度、高频响、小量程的压力传感器，就限制了转捩/湍流、大气数据、高超声速飞行摩阻等方面测量技术的发展。而且由于航天飞行试验成本昂贵，为了保证飞行安全和数据可靠，稳定性和可靠性是器件选择的优先考虑要素，因此即便在部分高端测量应用方面，也是尽可能使用进口产品，使得国内产品长期在低端应用市场徘徊，许多国产传感器的成品率和准确性还远达不到航天标准。另外，航天测试设备产品研发周期长、投入成本大，而市场需求相对较小，自主研制缺乏持续有效的政策激励、资金投入、技术积累和应用迭代。

（二）飞行测试技术准入门槛高，需求种类多

首先，飞行测试技术要求高，研发难度大。航天再入飞行器由于速度极快，一秒钟时间就可跨越十多公里，大气环境已发生明显变化，由高速度产生的气动热现象以及气动热对飞行器的影响问题也极其复杂，因此对航天再入飞行试验测试技术的测量精度、频率响应、动态范围等技术指标都有极高的要求。而且航天再入飞行器需要跨越大气层外、稀薄大气层、稠密大气层区域，历经恶劣的宇宙辐射环境、真空低温环境和气动加热环境，要求飞行测试设备在防射线破坏、防电磁干扰、抗剧烈震动、适用高低温极端变化，以及轻质、紧凑、稳固等全方面都要比地面设备具有严格得多的质量标准，常规测试技术很难在飞行试验中得到直接有效应用。这些都使得飞行测试技术具有很高的准入门槛以及研发/考核成本，攻关技术多、难度大。

其次，单一飞行测试技术难以满足科学问题研究需要。航天再入气动科学问题是由许多问题，比如高温真实气体效应、激波/边界层理论、湍流、辐射等相互耦合的，而每一个具体问题又需要多方面的测试技术进行支撑。例如对高温真实气体效应研究就至少涉及光谱测量技术、热流/温度测量技术、压力测量技术、电子密度测量技术等，其中热流测量又分为总热流、辐射热流、催化热流等不同方面。因此航天再入飞行测试技术不是针对某一类技术发展，而是多种技术共同发展和相互融合，单一测试技术所获得的信息量非常有限，不足以支撑某个科学问题研究，极大增加了飞行测试技术发展的难度。

（三）测试技术与流动现象的理论融合不深入

我国航天事业经过六十多年的努力和奋斗，通过一系列航天发射任务奠定

了我国航天大国的地位，但距离航天强国仍有一段差距。我国在航天再入气动问题研究方面起步较晚，对于高超声速飞行条件下的多种关键参数实际测量研究，比如摩阻、光谱、大气数据、电子密度等几乎处于空白，极大制约着气动基础科学问题研究。即使在地面试验中，也主要是套用国外文献中的数据处理方式，对测试技术自身及其与高温流动之间相互关联的理论研究不深入，对于不同条件下的数据处理方法、误差分析、校正方法等缺乏系统性研究，不仅难以发挥测试技术对气动问题研究的支撑作用，同时也制约着测试技术自身的创新发展。

比如只有加强摩阻测量的不确定度因素及影响规律研究，才能开展提高摩阻测量准度的针对性设计，同时还需要加强湍流边界层的摩阻机理研究，以及深化稀薄气体条件下摩阻内涵的认识。在航天再入大气数据测量方面，也需要进一步开展理论分析和试验验证，降低测压孔压力系数偏差带，创新解算算法，提高估计精度。在光谱测量方面，难点更多在于光谱数据的如何使用，一般需要流场计算、化学计算和光谱计算的相互迭代，而目前国内尚未开展相关方法研究。在电子密度测量方面，国内除缺乏耐高温材料外，还缺乏完整体系的理论去研究和设计静电探针在不同条件下的处理和修正方法以获得可靠的测试数据，尤其是在有等离子体碰撞条件下，不同数据处理方法的对比分析研究不足，数据处理方法有待完善。对于测试技术的应用研究，需要通过多学科同步发展，加强测试技术原理与高超声速流动理论的交叉融合。

（四）缺乏从需求到研发、验证、应用的完备体系

再入气动科学问题研究、测试技术研发、航天飞行试验基本都分属于不同专业、单位和部门，在深度合作和数据共享方面存在壁垒。虽然我国每年有数十次的航天发射任务，但基本都属于型号任务，主要涉及飞行器设计与总体专业，并且保密要求非常严格，即使有部分传感器搭载于飞行器上，所测得的数据也由型号总体部门掌握，传感器研制单位很难得到全面的结果反馈，其他研究单位更加不能获得飞行测试数据开展气动科学问题研究。这就使得测试技术发展和科学问题研究难以形成闭环，缺乏反馈-迭代-改进的机制，不能形成测试技术从需求到研发、验证、应用全流程的完备体系。而且目前搭载的主要仍然是常规的、相对成熟的温度、压力、热流等传感器，对于高灵敏度、高精度、高频响的这类传感器，以及其他先进的测试技术尚未开展过飞行试验，也没有以飞行试验为需求导向，开展必要预先研究和地面考核，使得技术积累不足，增加了飞行测试技术的研发周期。

二、我国航天再入飞行测试技术发展战略

(一) 加强基础研发能力建设，支撑先进飞行测试技术研究水平

航天再入飞行测试技术的发展是系统工程，涉及测量仪器设备的研制集成和自动控制、高超声速流动与测试技术的理论耦合、飞行试验与地面试验和数值计算不同手段的相互验证、航天再入飞行器的设计与发射回收任务等，但最根本的还是在于高端测试传感器等基础性器件的生产制备。传感器技术不光是科学问题，更多是工程问题。一个能够满足极端恶劣环境需求的高性能传感器是通过长期的工程化经验积累才能达到的。国外压力传感器供货商都有 50 年以上的工程经验积累，才做到了传感器的高质量和高可靠性。

首先需要加大对关键传感器的基础研发和预研的支持力度，在精密加工、特种材料、集成封装等方面有针对性地加大投入。传感器属于技术密集型行业，也是技术创新的活跃领域。未来随着新型航天飞行器的速域、空域的拓展，自动化、智能化程度不断提升和健康管理系统的应用，将对传感器提出更高的要求，特别是对传感器的精度和适用环境条件会持续提高，同时也会衍生出来对新型传感器的需求。加大对基础和预研方面的研究支持力度，既是弥补当前高端基础加工能力短板，也是储备将来新型传感器先进技术。

另外要提高航天飞行试验测试技术的市场化和专业化服务水平，建立完善公开透明的产品考核标准和体系，降低国产产品的准入门槛，为自主研发产品提供试验平台，使自研产品和技术能在实践中不断迭代改进。要对不同型号飞行器所用的传感器"统型"，规范和统一传感器的机械接口和电气接口，提高研制效率和产品的成熟度和可靠性，提高产品的标准化，实现产品的系列化发展，形成完整而相对集中的产品型谱。

(二) 以产学研思路提高人才培养质量，加大应用型跨学科创新人才储备

针对航天再入先进飞行测试技术具有明显的跨学科、跨专业特点，人才培养机制始终是长远发展的核心竞争力。高等院校作为国家的教育机构，应该肩负起人才培养重任，当前我国高校主要的人才培养模式较为封闭，主要培养学术型人才，造成学生在毕业后难以适应对应用型、开放型人才的需求。

而且在目前的研究生联合培养机制中，硕士研究生的基础课程学习时间一般为 1.5 年，研究课题开展时间为 1~1.5 年，博士研究生的基础课程学习时间

一般为 1 年,研究课题开展时间为 2～3.5 年。在为期仅 1 年或 1.5 年的基础课程学习时间内,除公共课程外,专业课程基本只能完成本专业内容的学习,即使有少量跨专业学科课程的学习,也主要以选修课形式开展,学习质量难以保证。

此外,目前除高校外的大部分研究机构具有学位授予权的专业非常单一,高校学生从就业角度考虑也更愿意去专业对口的研究机构联合培养,无形中造成了学科专业的壁垒越来越高,而这些研究机构恰恰是践行多学科融合创新的重要实践基地。

因此可以适当增加硕博连读学生的比例,使之有较长时间参与基础课程学习和课题研究。也可以鼓励和扩大跨学科招生,对于跨学科报考的学生出台优先录取和延长培养年限的政策。在联合培养模式方面也需要加强,特别是要加强建立测试、仪器等相关专业需求明显而又不具备该专业学位授予权的研究机构与具有该专业学位授予权的一流高校之间的"强弱"联合培养机制,打破专业壁垒,促进多学科交叉融合。在基础课程学习和研究课题开展方面也应当采取更灵活的时间分配方式,摒弃先学习后研究的联合培养惯例,建立边研究边学习的机制,鼓励学生带着问题走进教室,不仅可以激发学生的学习兴趣,还能更快地解决实际研究问题。

总之,应当坚持产学研的人才培养思路,加强高校、研究所、企业之间的应用型人才联合培养,既要注重多学科基础知识的学习,夯实理论功底,也要注重理论联系实践,以问题需求为导向有针对性地开展课题研究,从而促进超高速流动机理与测试技术原理之间的跨专业融合,提升测试数据的分析深度,加快航天再入气动机理问题研究和先进飞行器的发展。

(三)建立创新联盟机制,打破行业壁垒,以点带面形成科技创新的百花齐放局面

航天再入飞行试验涉及部门单位多、专业领域广,仅靠两三个单位之间的合作不足以支撑科学问题研究和型号问题解决。首先应当坚持贯彻军民融合战略,在基础科学问题研究、通用技术发展、传感器研发等方面整合军队和社会的优势资源,聚力攻关。其次,由于航天产品门槛高,专业分工细,气动专业与其他专业融合度低,使得国内许多与测试设备、传感器、先进测试技术相关的研制单位不了解需求,或者因资质要求高而难以参与航天相关项目,因此需要加强相关各行业之间的信息交流共享、畅通合作渠道。再次,在"互联网+航天"的产业升级变革背景下,我国商业航天发展迅速,特别是以零壹空间、蓝箭航天、翎客航天、星际荣耀、驭龙航天等为代表的新兴民营航天企业不断

参与商业航天发展、加入市场竞争，带来了全新的思维方式、发展理念和商业模式。商业航天发射任务具有低成本、常态化、快速响应的特点，可在基础研究、验证试验等方面发挥更大作用。

因此为了打破行业壁垒，促进形成以航天测试为牵引的国家科技百花齐放的局面，有必要建立包括军工单位、航天部门、高等院校、研究院所、民营企业等单位在内的，涵盖理论机理研究、数值模拟计算、精密传感器加工、特种材料制备、测量系统集成、航天再入飞行器设计、智能化控制、先进数据处理算法等专业领域的创新联盟，不定期开展学术和技术交流，共同承担项目任务，加强各部门各专业之间的信息技术共享，加速先进传感器、测量设备、测试技术在航天再入飞行试验中的转化应用，打通飞行测试技术从需求到应用的产业链条。同时也可以促进航天先进技术向民用领域转化应用，提升国家创新的综合科技实力，例如先进传感器技术可在依赖智能控制的广大国防科技和国民生活领域得到深度应用。

（四）充分利用航天发射任务机会，开展任务后的平台再利用搭载飞行试验

我国航天火箭发射任务 2018 年实施 39 次，2019 年实施 34 次，2020 年计划实施 40 次，众多的航天发射任务，特别是重复使用的航天运输系统，为再入飞行测试搭载试验提供了良好机会。在不影响主任务的前提下，将可回收舱体改造为测试技术搭载平台，对飞行测试设备以及部分再入气动问题进行检验和研究。

不同的发射任务由不同部门实施，为充分利用飞行试验任务机会，需要加强顶层设计，按照党的十九届四中全会《决定》提出的完善科技创新体制机制，构建社会主义市场经济条件下关键核心技术攻关新型举国体制的要求，在科技部、科工局、军委科技委等部委层面成立测量系统分析评估组，在科学探测任务总体层面统筹可利用的飞行计划，将飞行器返回/进入过程中获取气动测量数据作为总体任务的一部分，论证可搭载的测试载荷。在利用搭载机会完成一定测试载荷验证之后，策划专门以气动科学问题研究为目的的再入飞行试验，集成大量测试载荷获取较全面的测试数据，同时完善地面试验和数值计算手段，开展深入研究。

（五）组建国际咨询专家组，坚持开展国际合作与协同创新

随着我国科技进步，越来越多的科研机构和科技公司受到美国的极力打压，

我们更应该坚持开放态度，加强国际合作交流，吸引优秀专家人才，避免陷入闭门造车的地步。而且在航天测试领域我国还处于跟跑阶段的情况下，加强国际合作有利于我们学习先进项目管理经验、快速发展测试技术、提升研究水平。

根据国际先进飞行测试技术调研情况，发现欧洲再入试验平台（European Experimental Re-entry Testbed，EXPERT）项目针对多项再入气动科学问题研究，已经发展了大量先进测试技术，以系统地、准确地对再入高超飞行流场参数进行测量。EXPERT项目不管是在单项测试技术的先进程度、批量测试技术的集成度方面，还是测试数据的分析深度、结合地面试验和数值计算的手段融合度方面都值得我们大力学习和借鉴。我们可依托科技部各类人才工程项目，以及与欧洲的国际合作项目，与相关专家开展技术咨询和技术引进，甚至直接与欧洲高校和研究机构开展项目合作，发挥协同创新优势，共同推进基础科学问题研究。

三、近期航天再入飞行测试技术的试验平台建设建议

再入飞行测试技术的测量和试验通常需要在高马赫数开展，当今具备大气再入飞行能力的航天器平台较少，能够专门支持开展再入飞行试验技术的平台就更少，试验平台的准入门槛较高。由于飞行测试试验需求种类多样，涵盖表面温度与热流测试、压力测试、大气数据测试、电子密度测试、光谱测试、表面摩阻测试等多种研究方向，单一的某种飞行测试技术试验和一两次飞行试验难以满足科学问题研究的需求。因此，需要具有能够满足多种飞行测试技术长期持续地开展试验和研究的再入飞行试验平台。

为满足研究和应用需求，再入飞行测试技术试验平台应具有以下特点：① 具有足够飞行试验支持能力（承载和回收）；② 提供满足要求的再入力热环境（高马赫数、大热流密度等）；③ 提供长期持续的飞行试验机会；④ 具有较低的飞行试验成本。

（一）基于返回式卫星建立第一宇宙速度再入飞行试验平台

返回式卫星是我国发展最早的卫星种类之一，截至2016年的40多年中，中国已成功研制了25颗返回式卫星，具有非常好的技术基础和成熟的研制队伍。

返回式卫星从空间轨道返回，再入速度达到马赫数25以上，为第一宇宙速度（7.9 km/s）再入气动测量提供了较好的试验条件。我国新一代重复使用的返回式卫星服务于空间科学实验和空间环境利用产业，具有承载能力强（500 kg返回载荷）、低成本重复使用、班车化运营等特点。同时利用成熟的返回技术，

开发小型专用的试验星，可获得高速、高热流、大加热量、高效能、高费效比的专用飞行测试试验平台，满足一些再入飞行测试技术的专项需求。

基于此，提供两类飞行试验方案，以更全面地满足飞行测试技术需求：基于小型卫星平台的飞行测试专用试验方案和基于中大型卫星平台的多任务共享飞行试验方案。

1. 基于小型卫星平台的飞行测试专用试验方案

此方案的核心思路是小型专用平台，专项设计任务满足度高、技术成熟可靠性高、小平台成本不高。

小型专用试验平台在我国成熟返回式卫星技术基础上研制。卫星采用弹道式返回方式，回收舱基本气动外形采用我国返回式卫星经典气动外形等比缩小而成。飞行试验经历的最大马赫数为 27，最大轴向过载系数超过 10.5 g，最大动压 63 kPa，最大热流密度峰值 4 MW/m²。可支持表面温度与热流测试、压力测试、大气数据测试、电子密度测试、光谱测试、表面摩阻测试等多种飞行测试技术的再入飞行试验。飞行测试专用试验卫星构型如图 4-1 所示。

试验星总重 300 kg，可支持 100 kg 试验载荷开展飞行再入测量试验。在轨飞行 2～15 天可设定，自主制动离轨；整舱回收，由于高价值的推进系统回收重复使用，大幅降低多次试验的成本；适应 43°或太阳同步轨道，在酒泉卫星发射中发射，东风着陆场回收。

卫星飞行过程主要包括发射、运行、返回和回收 4 个阶段。卫星回收后，可在 3 个月内完成维护，半年内完成载荷集成，具备执行下一次任务的能力。

图 4-1　飞行测试专用试验卫星构型

2. 基于中大型卫星平台的多任务共享飞行试验方案

此方案的核心思路是多任务共享飞行试验，分担试验成本，增加迭代试验机会。

多任务共享飞行试验方案是基于中国空间技术研究院总体设计部研制的可重复使用返回式卫星平台，飞行任务方案如图 4-2 所示。该平台主要面向国内外空间微重力科学实验、空间新技术验证和空间环境产业应用需求，提供低成本、高时效的飞行试验服务。飞行测试试验载荷可以作为该任务的载荷之一，开展再入飞行测试试验。当前卫星平台已完成首发星的主要研制工作，具备执行飞行试验任务条件。后续将根据载荷需求，持续执行飞行试验任务。

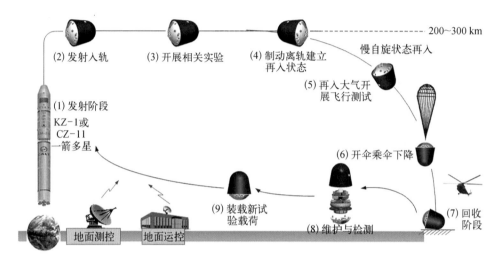

图 4-2　飞行任务方案

共享飞行试验任务经历的最大马赫数为 27，最大轴向过载系数超过 10.9g，最大动压 56 kPa，最大热流密度峰值 2 MW/m²。可支持表面温度与热流测试、压力测试、大气数据测试、电子密度测试、光谱测试、表面摩阻测试等多种飞行测试技术的再入飞行试验。

卫星总重 3 550 kg，可承载 500 kg 回收载荷和 200 kg 不回收载荷开展空间飞行实验/试验。卫星采用 43°倾角，在酒泉卫星发射中心发射，东风着陆场回收。在轨飞行 10~20 天，提供 $10^{-7}g_0$ 量级的高微重力环境、空间辐照环境，以及高速再入返回环境。卫星通过回收舱的重复使用，降低研制成本，缩短研制周期。整星及回收舱构型如图 4-3 所示。

再入飞行测试试验的典型实施方式为：在卫星回收舱表面布置多种传感器，实现对返回卫星再入过程中舱体外表面压力、温度、热流等物理参数的测量和数据记录，并在回收后读出。共享任务的典型实施流程如图 4-4 所示。首先明确飞行测试试验任务，制定试验方案，试验单机研制、交付总装测试、发射、运行，在回收过程中开展试验，回收舱回收后将试验数据读出，用于分析和研究。

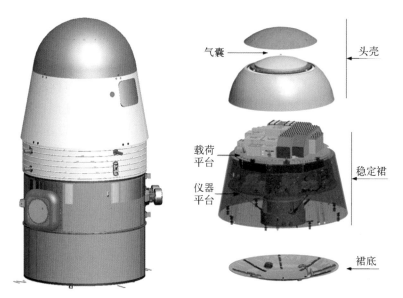

气囊 ← 头壳

载荷
平台

仪器
平台 稳定裙

裙底 ←

图 4-3 整星及回收舱构型

AIT在北京 发射 数据获取

制造交付 AIT在发射场 再入试验

图 4-4 共享任务的典型任务流程

(二) 建立第二宇宙速度的再入飞行试验平台

为满足行星返回、深空探测等任务需求, 必须建立速度超过第二宇宙速度

(11.2 km/s) 的飞行试验平台，以集成先进飞行测试技术，研究更高再入速度下气体流动特性和新型防热系统设计等问题。中国空气动力研究与发展中心正在论证研究一种通过火箭向下助推加速方式实现飞行器进入地球大气时速度达到 11.2 km/s 的飞行试验方案，以此模拟飞行器从其他行星返回时的极高速气动环境。该方案相比真实的行星返回再入飞行试验，具有实施周期短、经济高效、可控性更强等优势，是开展极端条件下飞行测试研究的理想方案。

考虑到发射成本和现有运载器能力，拟分两个阶段实施。第一阶段是速度为 9 km/s 的再入，第二阶段是 10～11.2 km/s 再入。

以下为目标 9 km/s 的再入飞行试验总体初步方案。通过火箭将再入体发射到大气层外，然后通过反向助推加速，形成测试所需的流场环境。根据再入体测量需求，飞行试验总体方案设计应满足的要求如下：① 再入速度：≥9 km/s；② 再入点高度：≥120 km；③ 再入体质量：160 kg；④ 待测物理量：热流、温度、压强、组分、电子密度；⑤ 基于国内靶场完成飞行试验。

综合技术要求和国内运载能力现状，基于低成本考虑，初步拟选用四级全固体（长征十一号）运载火箭作为运载器。火箭全长 20.8 m，起飞重量约 58 t，起飞推力 120 t，低轨运载能力可达 700 kg。

考虑到较高的再入状态以及载荷容积需求，设计再入体几何外形为返回舱外形，如图 4-5 所示。设计周向直径 1.2 m，大底头部半径为 0.745 m。载荷质量为 160 kg。

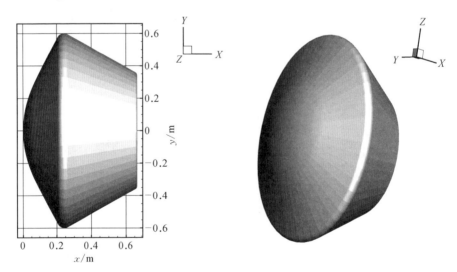

图 4-5　外形示意图

发射点拟选择太原基地，飞往库尔勒落区。先通过一级和二级发动机实现上升段连续助推加速，在二级发动机耗尽关机后，火箭进行无动力滑行减速至弹道最高点；然后利用重力向下加速至一定高度，三级和四级发动机点火工作进行助推加速，至 120 km 高度时四级发动机工作结束，再入速度实现 9 km/s，当地弹道倾角约—9.4°。

为了提高末速，除了程序转弯段外，全程零攻角飞行，弹道最高点约 274 km，再入点对应的射程为 1 807 km。图 4-6 给出飞行弹道剖面示意图。

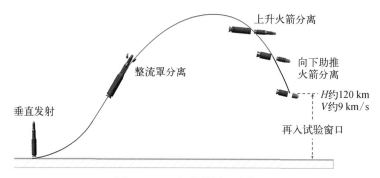

图 4-6　飞行弹道剖面示意图

图 4-7 给出了热防护系统结构示意图。根据弹道热环境特点（峰值热流高、加热时间短），选取 C/C 复合材料作为热防护系统材料，初步设计大底结构的热防护层厚度为 50 mm。经初步分析，满足测试仪器所需温度。

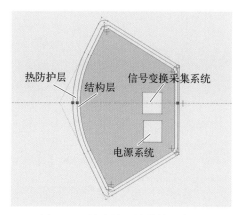

图 4-7　热防护系统结构示意图

在再入体的相近/对称位置，采用热流传感器、压力传感器、非接触测量（辐射/流场组分）、电子密度探针等方式，获取相应的数据信息。

四、小结

本章主要针对第一、二、三章关于我国航天再入飞行测试技术的瓶颈问题进行了原因分析，并提出了我国自主创新发展的战略建议。通过调研发现，航天再入飞行测试技术在高精度、高频响、小量程、耐高温等传感器方面存在大量被"卡脖子"的地方，并且测试技术的理论体系没有建立，测试技术与流动问题的耦合研究比较薄弱。而各部门之间缺乏适当的测量数据共享，导致测试技术的迭代改进机制不完善，进一步制约了测试技术的发展。为此，我们从加强基础研发能力、跨学科人才培养、试验平台建设、联合创新机制、国际咨询合作等方面提出了初步发展建议，并提出了基于返回式卫星的飞行试验平台建设方案。